영화 속
영국을 가다

영화 속 영국을 가다 잉글랜드 편

초 판 1쇄 인쇄·2021. 4. 20.
초 판 1쇄 발행·2021. 4. 30.

지은이   진회숙
발행인   이상용
발행처   청아출판사
출판등록 1979. 11. 13. 제9-84호
주소   경기도 파주시 회동길 363-15
대표전화 031-955-6031   팩스 031-955-6036
전자우편 chungabook@naver.com

ⓒ 진회숙, 2021
ISBN 978-89-368-1180-8 03980

ENGLAND
잉글랜드 편

영화 속 영국을 가다

진회숙 지음

감성 충만 잉글랜드 여행기

청아출판사

즐겁고
행복했던
기억을
소환하다

　지난 2019년 5월 말부터 6월 말까지 40여 일 동안 잉글랜드, 웨일스, 스코틀랜드, 북아일랜드 그리고 아일랜드를 여행했다. 여행에서 돌아와 바로 책을 쓰려 했지만 어영부영하는 사이에 시간이 흘러 코로나 사태가 터지고 말았다. 해외여행은 물론 국내 여행조차 마음대로 다닐 수 없는 상황이 꽤 길게 이어졌다. 답답하기는 했지만, 어차피 밖에 나갈 수 없으니 이참에 차분히 책상 앞에 앉아 여행기를 쓰면 되겠다고 생각했다.

　하지만 그 후로도 좀처럼 일이 진척되지 않았다. 문제는 나의 의지였다. 시간이 넉넉하게 남아도는데도 불구하고 여행기를 쓰고 싶다는 생각이 들지 않았다. 해외여행이 원천적으로 금지된 이런 상황에서 여행책을 내는 것이 무슨 의미가 있을까? 이렇게 생각하니 글을 쓰기가 싫어졌다. 그래서 오랫동안 손을 놓고 있었다.

그러다가 백신 소식이 들려왔다. 새로 개발된 백신이 꽤 효과가 있다는 것이 알려지면서 여행에 대한 기대가 높아지기 시작했다. 자유롭게 여행을 다니려면 아직도 상당한 시간을 기다려야 하겠지만 그래도 언젠가는 풀릴 것이라는 희망이 싹트기 시작했다. 벌써부터 여행 계획을 짜는 사람도 있었다. 나 역시 가슴이 설렜다. 코로나 시국이 끝나면 어디로 갈까? 유럽? 아니면 미국? 아니면 동남아시아? 생각만으로도 숨통이 트이는 것 같았다.

이런 희망과 더불어 오랫동안 방치해 두었던 영국 여행기를 쓰고자 하는 의지가 생겼다. 그래서 글을 쓰기 시작했다. 글을 쓰는 동안 여행지에서의 기억들이 되살아나 더없이 행복했다. 혼자 간직하기에는 너무나 아까운 시간들. 이 책을 통해 그 즐겁고 소중했던 시간을 독자들과 나누고 싶다.

내가 40일 동안 영국 여행을 한다니까 그동안 돈 많이 벌어 놓은 모양이라고 얘기하는 사람이 있었다. 돈 많이 벌었냐고? 천만에. 한 카드 회사 광고에 나온 유명한 문구가 있지 아마.

"열심히 일한 당신, 떠나라!"

이 말대로 그동안 열심히 일했기에 카드 한 장 달랑 들고 영국으로 떠났다. 비행기표도 카드로 사고, 숙박비와 렌터카 비용도 카드로 결제했다. 여행하는 동안 앞으로 갚아야 할 카드 대금에 대한 걱정이 없었던 것은 아니다. 하지만 나는 그동안 먹고사느라 뼈 빠지게 일했으니 이 정도의 무모한 사치를 부릴 자격이 충분하다고 스스로를 위로했다. 카드 고지서가 날아오는 것은 다음 달이니 그때까지는 아무 걱정하지 말고 그냥 즐기자고 생각했다.

남편과의 영국 여행은 정말로 즐겁고 행복했다. 특히 레이크 디스트릭트를 비롯한 영국의 자연을 만끽했던 기억은 지금도 잊을 수가 없다. 그때 우리는 영국의 아름다운 풍광에 완전히 넋이 나갔었다. 너무나 행복해서 괴테의 파우스트처럼 그 순간을 향해 "멈추어라. 그대는 그토록 아름답다!"라고 외치고 싶을 정도였다. 살면서 가장 행복했던 순간을 꼽으라면 나는 주저 없이 영국의 자연 속을 종횡무진으로 누비던 그때를 꼽고 싶다.

그런데 행복은 짧고 고통은 길다고 하던가. 한국으로 돌아오자 팍팍한 현실이 기다리고 있었다. 그다음 달, 카드사에서 그동안 내가 여행에서 얼마를 썼는지를 확실한 숫자로 보여 주는 고지서를 보내왔다. 그 돈을 갚느라 헉헉댔지만, 그럼에도 후회하지는 않는다. 어쨌든 지금까지 굶어 죽지 않고 잘 살고 있으니까.

영국 여행기를 쓰면서 나는 또다시 카드 들고 여행 갈 생각을 한다.

무모한 도전의 명분은 딱 하나. 내 나이는 미래를 대비할 나이가 아니라 '현재를 즐길' 나이라는 것이다. 그러니 한 살이라도 젊었을 때, 건강이 허락할 때 인생을 즐겨야 하는 것 아닐까?

내면의 목소리가 나에게 이렇게 속삭인다.

"카르페 디엠!"

2021년 4월

진회숙

차례

그 서점이 정말
거기 있을까?

노팅 힐(Notting Hill)

London

Notting Hill

영국 항공은 기내식부터가 남달랐다. 기내식을 받고 처음 든 생각은 '참 정체성 없다'였다. 메인 메뉴는 치킨 앤 라이스. 이와 함께 파스타, 케이크, 빵, 과일, 볶은 고추장, 김치, 초코파이, 버터, 요구르트가 나왔는데, 한식도 아니고 양식도 아닌 것이, 그저 먹을 수 있는 것은 다 주는 것 같았다. 무엇보다 고추장과 초코파이가 압권이었다. 고추장은 어디에 발라 먹으라는 걸까? 빵? 케이크? 아니면 치킨 앤 라이스? 그리고 초코파이는 또 언제 먹는 거지? 후식으로 케이크를 먹은 다음에 먹는 걸까 아니면 떠먹는 요구르트를 먹은 다음에 먹는 걸까? 종류는 많은데 어떤 순서로, 어떤 조합으로 먹어야 하는지 감이 안 잡히는 국적 불명의 식단이었다. 역시 영국 비행기답다. 음식에 대해 얘기하자면 영국은 정말 답이 없는 나라다. 이 나라 사람들은 음식을 그저 생명 유지를 위한 에너지원으로만 '섭취'하는 것 같다. 도대체가 음식에 '문화'를 입힐 줄을 모른다.

아주 오래전에 보았던 히치콕 감독의 영화가 생각난다. 한 영국 형사가 살인범을 추적하는 영화였는데, 영국의 후진 음식 문화를 풍자하는 곁 이야기가 재밌었다. 이 형사의 아내는 요리가 취미였다. 남편이 퇴근해서 집에 돌아오면 늘 멋진 음식을 만들어서 '짜잔' 하고 내놓곤 했는데, 그게 정말 먹을 수 있는 수준이 아니었다. 그래서 남편이 매번 입으로는 맛있다고 칭찬하지만 속으로는 울상을 짓는 뭐 그런 내용이었다. 그만큼 영국 음식이 맛없다는 얘기겠지. 오죽하면 영국 사람인 히치콕이 자기 나라 음식이 별로라는 영화를 만들었을까.

그러니 영국을 여행하는 사람은 각오해야 한다. 영국에서는 음식에 대한 기대만큼은 접어야 한다는 것을. 물론 비싼 레스토랑에 가면 그렇지 않겠지만 내가 말하는 것은 보통 사람들이 부담 없이 먹을 수 있는 음식이다. 영국에서 그런 음식은 모두 '피시 앤 칩스'를 주제로 한 바리에이션일 뿐이다. 그리고 그 변주의 다양성은 피시의 종류에만 국한된다.

〈노팅 힐〉을 촬영한 서점과 파란 문 그리고 로스미드 정원

영국 여행 중에 런던에 며칠 묵는다고 하자 누군가가 이렇게 말했다.
"그럼 노팅 힐에 꼭 가 보세요."

이 말처럼 노팅 힐은 런던을 여행하는 사람이라면 누구나 찾아가는 관광 명소다. 우리도 영국 여행의 첫 일정을 노팅 힐로 잡았다. 런던에서는 차를 빌리지 않고 대중교통을 이용해 다녔다. 도시에서 길을 찾을 때, 나는 스마트폰으로 구글맵을 보는 남편의 뒤를 졸졸 따라다닌다. 남편이 길을 가다가 갑자기 멈춰 선다.

"이 길이 아닌가벼."

그러면서 뒤돌아 가면 나도 역시 뒤돌아서 따라간다. 그렇게 한참 가다가 남편이 또다시 멈춰 선다.

"아까 그 길이 맞는가벼."

그리고 왔던 길로 되돌아간다. 그럼 나는 또다시 졸래졸래. 이렇게 수많은 시행착오의 연속이 바로 여행이다.

노팅 힐은 우리에게는 줄리아 로버츠, 휴 그랜트 주연의 영화 〈노팅 힐〉로 친숙한 곳이다. 윌리엄은 노팅 힐에서 여행 책방을 운영하는 평범한 남자이고, 애나는 이름만 들어도 누구나 다 아는 세계적인 여배우이다. 두 사람의 로맨스는 어느 날 우연히 애나가 윌리엄의 책방에 들어서면서 시작된다. 그 후 실수로 애나의 옷에 오렌지 주스를 쏟은 윌리엄은 옷을 갈아입게 해 주겠다는 구실로 그녀를 자기 집으로 데려간다. 여기서 비호감성 외모에 정신세계마저 독특한 윌리엄의 룸메이트가 등장한다. 영화에 재미를 주기 위해 투입된 캐릭터이다. 애나와 윌리엄이 애

색색의 집들이 늘어선 노팅 힐 주택가

정 전선을 펴 나가는 동안 이 친구가 중간중간 사고를 치면서 보는 재미를 더해 준다. 제목이 말해 주듯 이 영화는 노팅 힐 일대에서 촬영되었다.

전철에서 내려 얼마를 걸어가니 영화의 첫 장면에서 책방 주인 윌리엄이 걸어갔던 바로 그 거리가 나온다. 이탈리아 베네치아의 부라노섬처럼 거리에 늘어선 집들이 모두 알록달록 다양한 색깔을 입고 있는 것이 인상적이었다. 정말 노팅 힐은 '색의 거리'라고 할 만하다. 그런데 그 색깔이 그냥 무난한 색이 아니라 평소에 잘 볼 수 없는 '튀는' 색이 대부분이다. 그런 독특한 색깔이 노팅 힐의 표정을 만든다. 평범함을 거부하는 발랄한 젊음의 거리. 노팅 힐에 대한 나의 첫인상은 이랬다.

거리를 걷다 보니 곳곳에서 영화 포스터의 제목과 똑같은 활자체로 '노팅 힐'이라고 쓴 간판이 보였다. 간판이든 포스터든 여기도 노팅 힐, 저기도 노팅 힐이다. 영화에 나온 여행 책방과 비슷한 간판을 단 가게도 많았다. 개봉된 지 20여 년이 지났건만 아직도 이 거리는 영화 〈노팅 힐〉로 먹고사는 것일까.

몰려드는 인파를 뚫고 영화를 촬영했다는 서점을 찾아 나섰다.

"주소를 보니 포토벨로가Portobello Rd 142번지라고 하던데, 어디 있지?"

이러면서 두리번거리다가 드디어 영화에 나온 것과 똑같은 가게를 발견했다. 영화에서처럼 파란색 간판에 'The Travel Book Shop'이라고

—
독특한 색감을 자랑하는 노팅 힐 거리의 가게

쓰여 있었다. 그런데 이게 웬일인가. 분명 간판에는 여행 책방이라고 쓰여 있는데 정작 가게 안에는 책이 없었다. 서점이 문을 닫은 걸까. 궁금해서 이리저리 정보를 찾아보았더니 이곳은 서점이 아니란다. 원래 서점이었다가 바뀐 것이 아니라 지금까지 서점이었던 적이 단 한 번도 없었단다. 이 가게는 처음에는 골동품점이었다가 그다음에는 가구점 그리고 지금은 기념품점이 되어 있었다.

영화 〈노팅 힐〉에 나온 서점. 사실은 기념품 가게다.

그런데 간판에는 버젓이 'The Travel Book Shop'이라고 쓰여 있다. 기념품 가게에 왜 저런 엉뚱한 간판이 붙어 있냐 말이다. 그 밑에 영화 포스터와 똑같은 활자체로 'Notting Hill'이라고 써 놓은 건 또 뭔가. 책방이라 해 놓고 안에서는 기념품을 팔고 있다니. 이건 분명 사기다. 그런데 이렇게 아예 대놓고 사기를 치니 오히려 웃음이 났다. 그 배짱 좋은 속임수가 일종의 '애교'처럼 느껴졌다.

서점은 아니었지만 이 가게를 서점으로 꾸며서 영화를 촬영한 것은 맞다. 하지만 서점 내부가 나오는 장면은 스튜디오에서 찍었다고 한다. 그러니까 이 가게는 영화 촬영을 위해 자신의 외관만 빌려준 셈이다. 그래도 이곳에서 영화를 촬영한 것은 사실이니까 손님을 끌려는 주인의 배짱 좋은 상술이 어느 정도 이해는 된다.

노팅 힐에 서점이 아예 없었던 것은 아니다. 영화 원작자에게 영감을 준 서점은 따로 있었다. 블렌하임 크레센트Blenheim Crescent 13번지와 15번지에 있던 여행 책방이다. 이 서점은 1979년에 문을 열어 영화가 개봉된 1999년에도 여전히 영업하고 있었다. 영화 덕분에 유명해져서 돈을 많이 벌었을 거라고 생각했는데 웬걸, 2011년 이 서점이 재정 위기에 몰려 문을 닫는다는 소식이 들려왔다. 그러자 서점을 살리기 위한 캠페인이 시작되었다. 노팅 힐 지역 주민과 작가들이 적극적으로 동참해 30년이 넘게 노팅 힐을 지켜 온, 문화적으로 매우 중요한 이 서점이 문을 닫는다는 것은 엄청난 문화적 손실이라고 목소리를 높였다.

이런 우려의 목소리가 어느 정도 통했는지 가게를 인수한 사람이 그 자리에 다시 서점을 열었다. 하지만 여행 책방이 아니라 그냥 일반 서점이다. 간판도 'Travel Book Shop'에서 'Book Shop'으로 바뀌었다. 서점의 규모도 줄어들었다. 원래는 13번지와 15번지 모두 서점이었는데, 지금 15번지에는 다른 가게가 들어서 있다. 그 자리에 서점을 다시 열었으니 다행이라는 사람이 있는가 하면 새로 생긴 서점은 여행 책방이 아니니까 의미가 없다는 사람도 있다. 서점 운영자의 말에 따르면 비록 여행 책방은 아니지만 다른 서점보다는 여행책을 많이, 더 다양하게 구비하고 있다고 한다.

서점은 작고 예뻤다. 영화를 보고 찾아온 많은 사람들이 "어머, 여기가 〈노팅 힐〉 촬영한 곳이래." 이러면서 인증샷을 찍고 난리가 났다. 하지만 이곳은 단지 영화에 '영감'을 주었을 뿐이다. 서점 안이든 밖이든 공간적으로는 영화와 아무 관련이 없다. 그런데도 SNS에 〈노팅 힐〉 촬영지에 갔다 왔다고 올린 사진을 보면 대부분이 바로 여기서 찍은 것이다. 그런데 이렇게 서점 앞에서 열심히 사진을 찍으면서도 막상 서점 안에 들어가 책을 사는 사람은 거의 없었다. 영화에 '영감'을 준 곳에서 사진을 찍으면서도 책을 사겠다는 '영감'은 안 떠오르나 보다.

서점에 이어 〈노팅 힐〉 팬들이 많이 찾는 장소는 윌리엄이 룸메이트

다양한 색깔의 문들. 제일 오른쪽에 있는 것이 영화에 나온 파란 문이다.

와 같이 살던 집이다. 아니, 정확히 말하자면 집이 아니라 그 집의 파란 문이다. 노팅 힐의 주택들은 집마다 문 색깔이 다르다. 빨주노초파남보를 비롯해 없는 색깔이 없다. 그렇게 다양한 색깔의 문들이 다양한 표정으로 행인들의 눈길을 사로잡는다. 그중에는 일반적으로 문에는 잘 사용하지 않는 꽃분홍색이나 노란 형광색 페인트를 칠한 문도 있었다.

"이야, 이 집 주인은 색에 대한 취향이 참 독특하네."

이러면서 이 집 저 집 구경하는 재미가 남다른 거리였다.

영화에 나오는 파란 문이 있는 집의 정확한 주소는 노팅 힐 웨스트본 파크가Westbourne Park Rd 280번지이다. 윌리엄의 룸메이트가 파파라치들 앞에서 속옷 차림으로 춤추던 바로 그 파란 문이다. 그런데 대문 앞에서의 장면은 이 문 앞에서 찍었지만 실내 장면은 세트장에서 찍었다고 한다. 영화에서는 좁고 초라한 월세방으로 나오지만 실제의 파란 대문 집은 침실이 세 개 딸린 주택으로 가격이 꽤 비싸다.

언젠가 이 집의 주인이 영화 때문에 상당히 곤욕을 치렀다는 얘기를 들은 적이 있다. 영화 팬들이 때로 몰려와 집 앞에서 사진을 찍고 문에 온통 낙서를 했기 때문이다. 그런데 사실 지금 있는 문은 영화에 나온 그 문이 아니다. 본래의 문은 크리스티 경매를 통해 팔려나갔고 지금 있는 것은 그 대체품이다. 물론 지금 있는 문도 파란색이다. 한때 사람들이 낙서를 많이 해서 주인이 검은색 페인트를 칠했는데, 하도 원성이 높아서 다시 파란색으로 바꾸었다고 한다.

여행객들은 지금도 여전히 이곳에 와서 파란 문을 배경으로 사진을 찍는다. 집 건너편에 캐슬이라는 술집이 있는데, 그 술집 매니저의 말에 따르면 관광객이 파란 문이 어디 있는지 물어봐서 가르쳐 주면 거기서 사진을 찍고 나서 자기 가게에 와서 술을 마신단다. 그래서 수입이 꽤 짭짤하고. 파란 문이 지역 경제를 살리는 신의 선물이 된 것이다.

노팅 힐은 과거에는 슬럼가였지만 지금은 고급 주택이 즐비한 부촌으로 꼽힌다. 노점상이 있는 번잡한 거리를 조금 벗어나면 빅토리아 양식의 멋진 저택들이 늘어서 있는 한적한 주택가가 나온다. 그중에는 개인이나 공동체 소유의 정원을 가지고 있는 집도 많다. 영화에서 윌리엄

—
윌리엄과 애나가 데이트를 즐겼던 로스미드 정원

과 애나가 몰래 담을 넘어 들어간 로스미드 정원Rosmead Garden도 바로 그런 곳이다. 이 정원은 래드브로크 가문의 영지 안에 있다. 따라서 이 지역 거주자나 그 거주자의 관계인 혹은 그들과 아주 친한 사람만 들어 갈 수 있다.

그런데 영화에서는 두 사람이 용감하게 담을 넘어 정원 안으로 들어 간다. 깊은 밤 로스미드 정원의 분위기는 그야말로 환상적이다. 그 로맨틱한 분위기에 취했는지 애나가 갑자기 윌리엄에게 키스한다. 그렇게 기분이 달콤해진 두 사람은 정원을 산책하다가 벤치 하나를 발견한다.

"이 정원을 사랑했던 준에게. 항상 그녀 곁에 앉아 있던 조셉이."

벤치에는 이런 글이 새겨져 있다. 사랑하는 아내를 먼저 떠나보낸 남편이 아내에게 바친 메모리얼 벤치다. 메모리얼 벤치에 깃든 절절한 사랑의 기운이 축복을 내린 것일까. 두 사람은 결국 결혼에 성공한다. 그로부터 몇 개월 뒤, 윌리엄과 애나는 대낮에 다시 로스미드 정원을 찾는다. 그리고 공원의 메모리얼 벤치에 앉아 행복한 미소를 짓는 것으로 영화가 끝난다.

로스미드 정원은 사적인 공간이지만 항상 닫혀 있는 것은 아니다. 영화에 나오는 그 정원이 궁금해서 못 견디겠다는 사람은 일요일에 시간을 내서 가 보기 바란다. 일요일 정오부터 오후 5시 사이에 정원을 일반에게 공개한다고 한다.

포토벨로 마켓의 골동품과 카니발의 이국 음식

노팅 힐은 지금은 아름다운 저택들이 즐비하게 늘어선 소문난 부자 동네지만, 20세기까지만 해도 이민자들이 사는 슬럼가였다. 1950년대에 아프리카 카리브해 출신의 이민자들이 대거 이곳으로 이주했는데, 갑자기 이민자가 늘어나면서 계층 간의 갈등도 심해졌다. 1958년에 일어난 노팅 힐 인종 폭동은 그 갈등이 폭발한 것이다. 그런데 이렇게 슬럼가로 유명했던 지역이 1980년대에 젠트리피케이션gentrification을 거치면서 부촌으로 거듭났다. 현재 노팅 힐은 빅토리아 양식의 거대한 테라스와 개인 정원이 있는 타운하우스, 고급 쇼핑몰과 레스토랑이 있는 유행의 거리가 되었다.

높으신 분들이 사는 한적한 동네를 돌아보는 것도 좋지만, 노팅 힐 관광의 매력은 역시 복잡한 거리에서 온갖 사람들과 부대끼며 이것저것 구경하는 재미가 아닐까 싶다.

노팅 힐은 주말마다 골동품을 파는 포토벨로 마켓이 열리는 곳으로도 유명하다. 우리가 노팅 힐을 찾은 날은 마침 시장이 열리는 토요일이었다. 사람들 틈을 비집고 다니며 시장 구경을 했다. 팔고 있는 물건들이 다양했다. 찻잔, 주전자, 스푼, 접시, 그림, 카메라, 재봉틀, 모자, 책, 지도, 안경, 술병, 장신구 등등 정말 없는 거 빼고 다 있었다. 시장을 구경하는 재미가 쏠쏠했다. 하지만 선뜻 사고 싶다는 생각은 안 들었다. 예전에 어떤 사람이 앤티크 마켓에서 작은 그림 한 점을 샀는데 그것이 피카소 그림이었다는 얘기를 들은 적이 있다. 그 말을 들은 후 오래된 그림만 보면 공연히 기웃거리는 버릇이 생겼다. 그런 행운을 기대한다

—
주말에 여는 포토벨로 마켓

면 하나 살 만도 하지만 글쎄, 나에게 그런 행운이 올 리가 없지.

　노팅 힐에서는 매해 8월 마지막 주에 카니발이 열린다. 노팅 힐 카니발은 이 지역에 살던 카리브해 출신 흑인 이민자들이 고향에 대한 향수를 달래고 자신들의 고유한 전통을 되새기고자 시작한 것으로 매해 백만 명 정도가 이 카니발에 참가한다.

—
포토벨로 마켓의 거리 음식

    노팅 힐 카니발에서는 카리브해 전통 음악을 비롯해 하우스 음악, 레게, R&B 등 다양한 장르의 음악을 즐길 수 있다. 온갖 기발한 아이디어의 복장과 분장이 등장하는 가장행렬도 재미있지만 무엇보다 가장 기대되는 것은 음식이다. 카리브해의 전통 음식을 비롯해 평소에 먹어 보지 못하는 이국적인 음식들을 맛볼 수 있다. 그중에서 내가 가장 궁금한 것은 저크 치킨이라는 자메이카 음식이다. 닭고기를 카리브해 서인도 제도에서 자라는 스카치 보닛 페퍼와 올스파이스 양념에 재운 것이라는데, 그 맛이 어떨지 아프리카의 매운맛 한번 보고 싶다.

포토벨로 마켓을 이리저리 구경하다가 길거리에서 팔고 있는 크레페를 사 먹었다. 포토벨로 마켓에서는 크레페 외에도 정말 다양한 거리 음식을 판다. 시장 구경의 묘미는 뭐니 뭐니 해도 길거리 음식을 사서 들고 다니며 먹는 것이다. 음식을 들고 다니면서 먹으면 마치 내가 철딱서니 없는 십 대가 된 것 같은 기분이 든다.

크레페를 사 들고 골동품 가게를 구경했다. 그중 한 가게에서 남편이 은으로 만든 작은 술통을 들더니 사 달라고 한다. 그 안에 위스키를 담아서 가지고 다니면서 먹는다나 뭐라나.

"집에서도 매일 마시는데, 이제는 뭐 들고 다니면서까지 마시겠다고? 안 돼."

이렇게 단칼에 제압했다.

런던이 보내는
러브레터

코벤트 가든(Covent Garden)

London

Covent Garden

"이 영화를 본 사람은 누구든 런던에 가고 싶다는 생각이 들 것이다."

2019년 크리스마스 시즌을 맞아 개봉한 〈라스트 크리스마스〉의 폴 페이그 감독이 한 말이다. 그의 말대로 이 영화는 정말 런던에 가고 싶은 마음을 불러일으키는 영화다. 화면 가득 펼쳐지는 크리스마스 시즌의 런던 거리가 그렇게 환상적일 수가 없다. 그냥 보는 것만으로도 눈이 즐거워진다. 감독은 이 영화를 '런던에 보내는 러브레터'라고 했지만 나는 오히려 '런던이 우리에게 보내는 러브레터'라고 생각한다. 영화를 보는 내내 아름다운 런던의 거리들이 다 "나를 찾아줘"라며 손짓하는 것 같았다.

런던의 관광 명소 코벤트 가든

영화 〈라스트 크리스마스〉의 줄거리는 그저 평범하다. 코벤트 가든에 있는 한 크리스마스 용품점에서 일하는 주인공 케이트가 사랑하는 사람을 만나고 나중에 그 사랑의 비밀을 알게 된다는 얘기인데, 줄거리를 따라가는 재미보다는 크리스마스 시즌의 코벤트 가든 거리를 감상하는 재미가 남다른 영화다. 코벤트 가든은 해마다 수많은 사람이 찾아오는 관광 명소다. 지금은 코벤트 가든이라고 부르지만, 이는 수녀원 정원을 뜻하는 '콘벤트 가든Convent Garden'이 와전된 것이다. 중세 시대에 바로 이곳에 웨스트민스터 사원 소유의 수녀원 정원이 있었다고 한다.

16세기부터 1918년까지 코벤트 가든을 소유했던 가문은 베드퍼드 백작 가문이었다. 영국의 유서 깊은 귀족 가문으로, 후손 중에 1800년대 중반과 후반에 두 번이나 영국 총리를 지낸 존 러셀이 있다. 이 존 러셀의 손자가 그 유명한 철학자 버트런드 러셀이다. 오늘날 많은 관광객이 코벤트 가든을 찾고 있지만, 이곳이 철학자 버트런드 러셀 가문의 소유였다는 것을 아는 사람은 아마 드물 것이다.

버트런드 러셀은 어린 시절에 어머니와 아버지를 차례로 여의고 조부모 손에서 자랐다. 러셀의 어린 시절 이야기는 한국에서도 번역 출간

—
영화 〈라스트 크리스마스〉에 나오는 코벤트 가든의 크리스마스 용품점

된 그의 자서전 《인생은 뜨겁게》에 자세히 나와 있다. 비록 일찍 부모를 잃었지만, 그는 꽤 행복한 유년기를 보냈다. 지성과 교양이 넘치는 귀족 가문에서 태어나 어려서부터 수준 높은 교육을 받은 데다가 경제적으로도 풍족했으니 무슨 걱정이 있었을까.

"버트런드 러셀이 98세까지 살면서 결혼을 네 번이나 했대."

코벤트 가든 거리를 걸으며 러셀의 자서전에서 읽은 얘기를 남편에게 해 주었다.

"한 사람의 인생에서 결혼 네 번이면 적당한 거 같아. 많지도 않고 적지도 않고 말이야."

내가 이렇게 말하자 남편이 맞장구를 쳤다.

"맞아. 한 사람하고만 죽을 때까지 살아야 한다는 건 너무 가혹한 형벌인 것 같아."

우리 부부는 어쩜 이렇게 죽이 잘 맞을까. 이런 방면에서는 서로 의견이 갈린 적이 한 번도 없다. 그런데 이렇게 말해 놓고 가만히 생각해 보니 그게 아니었다.

"아니지. 당신 한 사람과 적응하는 데도 온갖 고생 다 하며 수십 년이 걸렸는데 다른 사람을 만나서 그 고생을 또 한다고? 그것도 네 번씩이나?"

"아무래도 무리겠지?"

"아이고, 귀찮다. 그냥 포기하자."

이렇게 실없는 얘기를 나누며 코벤트 가든 거리를 누볐다. 그러다가 시장 안으로 들어갔다. 코벤트 가든에는 세 개의 시장이 있다. 애플 마켓Apple Market, 주빌리 마켓Jubilee Market, 이스트 콜로네이드 마켓East Colonnade Market이다. 여기서 각종 골동품, 수공예품, 생활용품, 기념품, 공예품 등을 팔고 있다. 물건은 오전에 노팅 힐의 포토벨로 시장에서 보았던 것과 대동소이했다. 이번에도 사지는 않고 그냥 구경만 했다.

시장 구경을 마치고 광장으로 나가니 마술 공연이 한창이다. 구경꾼 중에 올망졸망 아이들이 많은 것이 눈에 띄었다. 마술사가 아이들한테 이렇게 말했다.

"이 중에서 영어 못하는 사람 손 들어 봐."

그러자 몇몇 아이가 손을 번쩍 들었다. 아니, 영어를 못한다면서 저 말은 어떻게 알아들었지? 마술사가 웃으며 "너희들 다 아웃이야!" 이러 자 어른들이 박장대소했다.

묘기를 부리며 옛날 우리나라 뱀 장수처럼 온갖 '썰'을 푸는 사람도 있었다. 그 사람이 한 말 중에 지금도 기억나는 말이 있다.

"나한테 돈 주지 마세요. 지갑을 닫으라니까요."

와! 구걸을 저렇게 역설적으로, 아니, 저렇게 노골적으로 할 수도 있 구나. 돈 달라는 소리보다 더 무섭네.

여기저기 구경하다 보니 슬슬 배가 고팠다. 그래서 시장 아래층에 있 는 푸드코트로 내려갔다. 중앙에 테이블이 놓인 넓은 홀이 있었는데, 거 기서 한 흑인 남자가 전문 가수 뺨치는 솜씨로 오페라 아리아를 부르고 있었다. 실력이 어찌나 좋던지 인근에 있는 로열 오페라 하우스에서 왜 모셔 가지 않나 하는 생각이 들 정도였다.

그 남자를 보면서 이런 상상을 했다. 점심때마다 이 푸드코트에 오는

—
코벤트 가든 마켓에 있는 푸드 코트

한 남자가 있다. 그는 인근에 있는 로열 오페라 하우스의 음악 감독이다. 그런데 어느 날 그가 여기서 점심을 먹다가 우연히 이 흑인 테너가 부르는 오페라 아리아를 들었다. 그는 마침 다음 시즌에 올릴 베르디의 오페라 〈오텔로〉의 주연 가수를 찾던 중이었다. 이번에는 오텔로 역을 진짜 흑인에게 맡겨 볼까 하고 막연하게 생각하고 있었는데, 마침 노래를 기가 막히게 잘 부르는 흑인 테너가 눈앞에 떡하니 나타난 것이 아닌가.

—
세계 각국의 차를 파는 가게

그는 이를 신의 계시라고 생각했다. 그래서 흑인 가수에게 다가가 "자네, 오텔로 역할을 해 볼 생각 없나?"라고 물었다. 그 말을 들은 흑인 가수가 안 그래도 언젠가 자기에게 이런 제안이 들어올 경우를 대비해서 이미 오텔로 역에 해당하는 부분을 다 연습해 놓았다는 것이 아닌가! 그래서 그는 곧바로 로열 오페라 하우스 무대에 섰고, 공연을 성공적으로 끝마치면서 이후 세계적인 오페라 가수로 이름을 날리게 되었다는, 뭐 이런 말은 안 되지만 가슴 훈훈한 상상을 해 보았다. 부디 저 흑인 가수에게 행운이 있기를!

푸드코트에서 맥주를 곁들인 간단한 점심을 먹었다. 맛은 그럭저럭 먹을 만했다. 코벤트 가든 주변에는 맥주나 커피 애호가의 입맛을 당기는 집이 많다. 중앙 광장 안에 있는 전통 술집에서 유럽 전통 맥주를 맛볼 수 있고, 아기자기한 카페에서 다양한 커피도 즐길 수 있다는데, 사전 정보가 없어서 그냥 아무 데나 들어가 먹었다.

닐스 야드 다이어리 치즈와 몬머스 커피

저녁에 인근에 있는 로열 오페라 하우스에서 발레 공연을 볼 예정이었는데, 점심을 먹고도 공연까지는 아직 시간이 많이 남아 있었다. 그래서 닐스 야드Neal's Yard와 몬머스 거리Monmouth Street를 둘러보았다.

닐스 야드에 있는 가게 중에서 사람이 가장 많이 몰리는 곳은 '닐스 야드 다이어리Neal's Yard Diary'라는 치즈 가게이다. 이곳에는 정말 엄청나게 많은 종류의 치즈가 있다. 입맛 까다로운 치즈 마니아들의 다양한 미각을 만족시킬 수 있는 치즈들이 모여 있다. 1980년대에 설립되었는데, 지금은 영국 전역과 아일랜드에 있는 40여 개의 치즈 농가에서 치

—

최신 유행 상점과 레스토랑이 있는 닐스 야드

즈를 공급받아 자체 숙성실에서 숙성시킨 뒤 소비자에게 팔고 있다. 숙성실은 기차 철길 밑에 있다. 안에 들어가면 몇 분 간격으로 기차가 지나갈 때 생기는 약간의 진동과 소음을 느낄 수 있다고 한다. 바로 여기서 영국 전역에서 온 치즈들이 숙성 과정을 거친다. "기찻길 옆 오막살이 아기 아기 잘도 잔다."가 아니라 "기찻길 밑 치즈 창고, 치즈 치즈 익어 간다."가 되겠다. 이때 치즈의 맛을 제대로 살리기 위해 전문가들이 수시로 맛보면서 치즈 상태를 체크한다.

이런 과정을 거친 치즈가 최종적으로 코벤트 가든에 있는 닐스 야드 다이어리에서 소비자들과 만난다. 닐스 야드 다이어리는 런던 시내 세 곳에서 운영되고 있다. 그중 가장 인기 있는 곳이 코벤트 가든점으로, 이곳은 온종일 치즈를 사려는 사람들로 붐빈다.

닐스 야드를 지나 커피 전문점 '몬머스 커피Monmouth Coffee'로 향했다. 런던을 다녀온 사람들로부터 반드시 가 보라는 말을 들었기 때문이다. 몬머스 커피는 코벤트 가든점과 버로우 마켓점 이렇게 두 군데가 있다. 몬머스 커피 코벤트 가든점에서는 1978년부터 직접 볶은 커피를 팔기 시작했다. 공정 무역 원두를 사용해 커피를 볶는데, 워낙 로스팅이 뛰어나서 런던 시내 카페의 3분의 1이 여기서 볶은 원두를 쓴다고 한다.

"몬머스 커피의 플랫화이트! 인생 커피를 찾았다!"

"진하고 묵직하면서도 부드러운 맛이 일품!"

—
살아 있는 식물로 외벽을 장식한 세인트 제임스 거리의 한 건물

"몬머스 커피의 명물은 유기농 설탕!"

"유기농 에스프레소의 뒷맛이 환상 그 자체!"

몬머스 커피를 권하는 사람들의 추천사이다. 이러니 안 갈 수가 있나. 기대를 잔뜩 품고 몬머스 커피를 찾았다. 코벤트 가든점은 버로우 마켓점보다 규모가 작다. 그래서인지 여간 붐비는 것이 아니었다. 사람들이 가게 밖까지 길게 줄을 서 있었다. 저렇게 오래 기다려서 기어이 커피를

꽃으로 장식한 펍 Crown & Anchor

마셔? 갈등하다가 과감히 포기했다. 그저 먼발치에서 가게 사진을 찍는 것으로 만족하기로 했다. 하지만 지금 생각해 보니 후회가 된다. 커피를 테이크아웃해서 인근에 있는 피닉스 공원에서 마시면 되는데 말이다. 그때는 왜 그 생각을 못 했는지.

도시의 오아시스, 피닉스 가든

코벤트 가든에서 소호 쪽으로 가다 보면 제2차 세계대전 때 폭탄이 떨어졌던 자리가 있는데, 바로 그 자리에 피닉스 가든The Phoenix Garden 이 있다. 원래 주차장으로 쓰던 것을 1980년대에 인근 주민들이 힘을 합쳐 지역 주민을 위한 공원으로 만들었다. 피닉스 가든은 다른 공원에 비해 규모는 작지만 한적함과 편안함에서는 타의 추종을 불허한다. 이 공원에서는 네 가지가 금지되어 있는데, 바로 마약, 술, 개, 자전거다. 마약과 술은 그렇다 치고 공원에서 흔히 볼 수 있는 자전거와 개를 금지한 것이 특이하다. 그렇게 도시의 소음은 물론 자전거 소리나 개 짖는 소리로부터도 자유로운 완전한 청정 지역, 도시의 오아시스 같은 곳이 바로 피닉스 가든이다. 사람들로 붐비는 코벤트 가든의 거리를 걷다가 잠시 휴식을 취하고 싶을 때 가면 딱 좋다.

피닉스 가든은 소박한 동네 꽃밭 같은 느낌을 준다. 여기저기 덤불이 우거져 있고, 야생 배, 양귀비, 위스테리아, 검은딸기 등 갖가지 야생 식물들이 지천으로 자라고 있다. 각양각색의 야생화 주위로 벌들이 윙윙 날아다니고, 풀숲에서는 각종 곤충이 서식하며, 연못에서는 개구리가 평화롭게 헤엄치고 있다. 전문가가 공들여 가꾼 정원이 아니라 그냥 야생의 꽃밭을 그대로 옮겨 놓은 듯하다. 이렇게 도심 속에서 야생의 삶을 구현한 공로로 피닉스 가든은 그동안 여섯 번이나 모범적인 생태공원에 주는 상을 받았다.

야생이 발산하는 생명의 에너지가 충만한 이곳에 뜻밖에 죽은 자들의 기억이 머무는 곳이 있다. 공원 곳곳에 놓여 있는 벤치다. 벤치마다 죽은 자를 기리는 글귀가 새겨져 있다.

"디그비 존스 경은 여기서 꽃향기를 맡으며 시간을 보냈다."

디그비 존스 경을 기리는 벤치인데, 이런 것을 '메모리얼 벤치'라고 한다. 영국에는 피닉스 가든 말고도 곳곳에 메모리얼 벤치가 있다. 나는 이런 방식으로 죽은 자를 기억하는 것이 꽤 마음에 든다. 호화 묘지처럼 죽어서 군림하려 하지 않고, 기꺼이 산 자의 의자가 되어 주는 따스함. 나도 죽었을 때 누군가가 나를 이런 방식으로 기억해 주었으면 좋겠다.

메모리얼 벤치에 적힌 글이 다 심각한 것만은 아니다.

"나는 벌레와 쥐며느리를 좋아한다."

피닉스 가든의 메모리얼 벤치

"오크 나무, 바로 너야."

"10만 마리의 진딧물 = 나 푸른 박새."

이런 글들도 있다. 그렇게 죽어서도 살아 있는 사람에게 농담을 건
넨다.

영화 〈라스트 크리스마스〉에서는 크리스마스 시즌의 피닉스 가든이

나온다. 여기서 케이트가 사랑하는 톰과 만나는데, 눈 덮인 피닉스 공원이 마치 하얀 캔버스 같다. 그 캔버스 위로 환상적인 빛의 향연이 펼쳐진다. 하지만 그 후 케이트는 놀라운 비밀을 알게 된다. 그녀가 여기서 만난 톰은 살아 있는 사람이 아니라 지난 크리스마스 때 교통사고를 당해 케이트에게 심장을 주고 떠난 사람이라는 사실이다.

이듬해 봄, 케이트는 피닉스 가든을 다시 찾는다. 공원에는 톰의 생몰년이 새겨진 메모리얼 벤치가 있다. 케이트는 그 벤치에 앉아 행복한 미소를 짓는다. 그와 함께했던 코벤트 가든의 아름다운 크리스마스를 추억하며.

세계 최고의
극장에서 즐기는
오페라와 발레 공연

로열 오페라 하우스(Royal Opera House)

London

Royal Opera House

영국의 런던은 클래식 음악을 좋아하는 사람에게는 꿈의 도시이다. 로열 오페라 하우스, 바비칸 센터, 사우스뱅크 센터, 로열 페스티벌 홀, 로열 앨버트 홀, 위그모어 홀, 런던 콜리세움 등 내로라하는 클래식 공연장이 엄청 많기 때문이다. 그런데 명색이 음악평론가인 나는 그동안 여러 차례 런던을 방문했음에도 이들 공연장을 단 한 번도 찾은 적이 없다. 대신 미술관과 박물관만 열심히 돌아다녔다. 그러다가 이번에 영국 여행 일정을 짜면서 문득 이런 생각이 들었다. '런던에 가서 클래식 공연을 안 보는 것은 직업에 대한 예의가 아니지.' 그래서 이번에는 기필코, 반드시, 죽어도 런던에서 공연을 보겠다고 마음먹었다.

　나의 간택(?)을 받은 공연장은 로열 오페라 하우스. 여기서 공연하는 프로코피예프의 발레 〈로미오와 줄리엣〉을 보기로 했다. 표는 한국에서 인터넷으로 일찌감치 예매해 두었다. 요즘은 극장 창구에 가서 표를 받을 필요가 없다. 온라인으로 사면 e티켓을 보내 주는데, 이걸 그냥 집에서 출력해서 가져가면 된다. 그런데 로열 오페라 하우스에서는 구매 즉시 e티켓을 보내 주지 않고, 공연 1~2주일 전쯤 보내 준다. 그 티켓을 출력해서 잘 보관해 두었다가 여행 갈 때 반드시 챙겨 가야 한다. 이 말을 하는 이유는 예전 여행에서 이걸 깜빡 잊고 갔다가 고생한 적이 있기 때문이다.

유럽의 오페라 극장에서는 극장이 휴관하는 7, 8월을 제외하고는 언제나 오페라와 발레 공연을 볼 수 있다. 9월에서 이듬해 6월까지가 공연 시즌인데, 극장 홈페이지에 가면 한 시즌의 공연 스케줄이 자세히 나와 있다. 그동안 여러 프로덕션의 오페라와 발레를 번갈아 가며 공연한다. 한국처럼 한 작품을 며칠 동안 공연하고 끝내는 것이 아니라 시즌 내내 몇 작품을 돌아가며 공연하는 것이다.

오페라와 발레 마니아의 성지, 로열 오페라 하우스

로열 오페라 하우스는 코벤트 가든에 있다. 그래서 클래식 음악을 하는 사람들 사이에서는 '코벤트 가든' 하면 런던의 로열 오페라 하우스를 가리키는 말로 통한다. 이 극장에는 로열 오페라단, 로열 발레단, 로열 오페라 하우스 오케스트라가 상주하고 있다.

—
런던 코벤트 가든에 있는 로열 오페라 하우스

뤽 베송 감독의 영화 〈제5원소〉를 본 사람은 소프라노 가수가 노래를 부르는 외계 행성의 아름다운 극장을 기억할 것이다. 가수는 지구를 구할 네 개의 돌을 가슴에 품고 도니체티의 오페라 〈람메르무어의 루치아〉 중에 나오는 '광란의 아리아'를 부른다. 그런데 목소리가 그렇게 아름다울 수가 없다. 인간의 목소리라고 믿기지 않을 만큼 신비롭고 환상적이다. 정말 먼 외계의 파라다이스에서 들려오는 소리 같다. 그런 가수의 환상적인 노래를 배경으로 크림색과 금색, 빨간색이 주조를 이루는 화려한 극장 내부가 화면 가득 펼쳐진다. 바로 로열 오페라 하우스이다.

영화를 보아도 알겠지만 로열 오페라 하우스는 정말 멋진 곳이다. 영화에서도 코벤 소령 역을 맡은 브루스 윌리스가 극장에 대한 소감을 묻는 방송 진행자의 질문에 "멋지군요."라고 대답하는 장면이 나온다. 빅토리아 여왕 시대의 왕실 문장이 새겨진 붉은 장막, 무대 전면을 장식한 라파엘 몬티의 부조 〈음악과 시〉, 아름다운 조명이 설치된 발코니석과 박스석, 스카이블루로 처리된 돔 천장 등 모든 것이 "나는 로열이야. 로열!"이라고 외치는 듯하다.

예매한 자리는 2층 발코니석이었다. 객석에 앉아 내려다보자 익숙한 광경이 눈에 들어온다. 로열 오페라 하우스 공연이 담긴 영상을 볼 때마다 늘 보았던 바로 그 광경. 황금빛 왕실 문장이 새겨진 붉은 장막이 드리워진 무대 그리고 저 멀리 오케스트라 피트에서 들려오는 악기 조율 소리. 지휘자가 입장해 지휘대에 서자 장내에 박수 소리가 울려 퍼진다. 그렇게 영상으로만 보던 장면이 실제로 눈앞에 펼쳐졌다.

로열 오페라 하우스 객석 수는 2,256석으로 런던에서 세 번째로 큰 규모이다. 이 극장은 1858년에 지어졌는데, 보존 상태가 상당히 좋은 편이다. 아래층에는 스톨이라 부르는 객석이 있고, 그 위로 네 개 층에 걸쳐서 발코니석과 박스석이 있으며, 제일 꼭대기에 최상층 관람석 앰피

황금빛 왕실 문장이 새겨진 무대 장막

오페라 극장 객석

시어터Amphitheatre가 있다. 붉은빛의 벨벳 커튼, 현대식 기계장치를 갖추고 있는 푸른 천장, 금빛으로 빛나는 무대 위의 아치, 가스램프가 있던 자리에 설치된 붉은빛과 황금빛 조명들, 모든 것이 '로열'이라는 이름에 어울렸다.

로열 오페라 하우스에는 메인 극장 외에 420석짜리 스튜디오 극장도 있다. 여기서 점심시간을 이용해 무료 공연이 펼쳐지기도 한다. 또한 발레 연습실을 겸한 200석짜리 스튜디오에서도 실내악, 독창회 등 소규모 음악회와 워크숍이 열린다. 이렇게 한 극장에서 여러 종류의 공연을 소화할 수 있는 것은 무려 30개의 무대 세트를 동시에 보관할 수 있는 어마어마한 규모의 백스테이지 덕분이다. 그래서 공연 시즌 중에는 크고 작은 공연들이 거의 매일 열리다시피 한다.

이번에 로열 오페라 하우스에서 본 작품은 케네스 맥밀란이 안무한 프로코피예프의 발레 〈로미오와 줄리엣〉이다. 1965년 로열 오페라단을 위해 안무한 것인데, 이를 계기로 케네스 맥밀란은 세계적인 안무가로 도약하게 되었다. 공연은 물론 좋았다. 발레에 대한 전문적인 지식이 없는 내가 이러쿵저러쿵 얘기하는 것이 주제넘은 일이겠지만 그냥 평범한 관객으로서 소감을 얘기하자면 나는 화려한 무도회 장면이나 역동적인 전투 장면보다 로미오와 줄리엣이 사랑을 속삭이는 발코니 장면이 좋았다. 사랑에 빠진 두 남녀의 내면의 환희가 환상적인 음악과 춤으

—
발레 〈로미오와 줄리엣〉 무대 인사

로 펼쳐졌다. 아! 특히 사랑의 기쁨으로 출렁이던 그 플루트 소리를 지금도 잊을 수가 없다.

다양한 극장 투어 프로그램

로열 오페라 하우스는 공연 외에도 시민을 위한 실험과 교육의 장이 되고 있다. 공연 시즌 중에 다양한 투어 프로그램이 진행되는데, 로열 오페라 하우스의 역사와 코벤트 가든 주변에서 활동했던 예술인에 대해 알고 싶다면 '코벤트 가든 레전드 앤 랜드마크 투어Covent Garden Legends and Landmarks Tour'에 참여하면 된다. 극장 안에서는 지금까지 이곳을 거쳐 갔던 유명 오페라 가수와 무용가들의 발자취를 볼 수 있으며, 극장 밖에서는 코벤트 가든 주변에 있는 유서 깊은 극장들을 둘러볼 수 있다. 하지만 이 투어에서는 오페라 하우스의 객석이나 백스테이지는 보여 주지 않는다. 오페라 극장의 안팎에서 날씨와 상관없이 진행되는데, 날씨가 추울 것을 대비해 두꺼운 옷을 준비하는 것이 좋다.

오페라 극장 무대 뒤에서 벌어지는 일이 궁금한 사람은 '백스테이지 투어Backstage Tour'를 신청하면 된다. 로열 오페라 하우스의 역사는 물론 현재 공연되고 있는 프로덕션의 이모저모를 살펴보고, 무대 장치가 어떻게 작동되는지 알 수 있는 투어이다. 백스테이지 투어는 그날 공연 작품이 무엇이냐에 따라 내용이 달라진다. 이와 더불어 로열발레학교 학생들이 수업받는 모습도 볼 수 있다. 하지만 객석에는 들어갈 수 없고, 오페라 무대 리허설도 절대 볼 수 없다.

로열 오페라 하우스의 소프트웨어보다 하드웨어 즉, 건물 자체에 관심 있는 사람은 '벨벳, 길트 앤 글래머 투어Velvet, Gilt and Glamour Tour'에 참여하는 것이 좋다. 이 투어에 참여하면 객석에 직접 들어가서 극장의 역사와 건축이나 실내 장식에 얽힌 이야기를 들을 수 있다. 이 투어는 객석의 최상층인 앰피시어터에서 시작한다. 보기에도 아찔한 꼭대기 층이라서 8세 이하의 어린이나 고소공포증이 있는 사람은 참여하지 않는 것이 좋다고 한다.

무대 장치나 의상에 관심 있는 사람을 위한 '서럭 투어Thurrock Tours' 도 마련되어 있다. 현재 로열 오페라 하우스의 의상 센터에는 고전에서 부터 현대에 이르기까지 모두 2만여 점의 의상이 보관되어 있다. 또한 악기도 있고 가구도 있다. 이 투어에 참여하면 오페라와 발레 공연에서 무대 디자이너의 구상이 어떤 과정을 거쳐 무대 위에서 실현되는지 볼 수 있다.

식사와 차, 와인을 즐길 수 있는 폴 햄린 홀

중간 휴식 시간에 밖으로 나왔다. 유럽 극장의 중간 휴식 시간은 상당히 길다. 이때 관객들은 식사하거나 와인이나 차를 마시며 여유로운 시간을 보낸다. 로열 오페라 하우스의 본 극장 옆에 붙어 있는 폴 햄린 홀 Paul Hamlyn Hall이 그런 기능을 하는 공간인데, 극장의 어느 층에서든지 바로 이 홀로 나갈 수 있다. 폴 햄린 홀은 둥근 유리 천장을 지닌 철제 구조물로 전체적으로 현대적인 느낌을 준다. 여기에 공연 전이나 휴식

둥근 유리 지붕을 가진 폴 햄린 홀

시간에 식사와 차, 와인을 즐길 수 있는 레스토랑과 바, 카페가 있다. 홀 중앙에는 샴페인 바가 있고, 2층에는 발코니 레스토랑, 최상층에는 앰피시어터 레스토랑 그리고 루프탑에는 피자리아 레스토랑이 있다. 휴식 시간에 이곳에서 식사하려면 예약을 해야 한다. 로열 오페라 하우스 홈페이지에 들어가면 어떤 공연과 식사를 연계해서 티켓을 판매하는 것을 볼 수 있다. 예를 들자면 이런 식이다.

"모차르트의 오페라 〈마술피리〉를 둥근 유리 천장 위로 파란 하늘이 보이는 발코니 레스토랑에서 제공하는 환상적인 요리와 함께 즐겨 보세요."

밑에 있는 레스토랑의 이름을 클릭하면 공연 당일 가능한 메뉴에 대한 자세한 안내가 나온다. 그중에서 코스 요리는 당연히 비싸다.

어떤 여행안내서에서 로열 오페라 하우스의 발코니 레스토랑이 런던에서 '문화적으로 식사를 즐길 수 있는 곳' 10위 안에 든다는 것을 보았다. '문화적으로 식사한다'는 것이 무슨 뜻일까. 음식 자체가 어떤 문화를 반영하고 있다는 뜻인지, 음식을 제공하는 장소가 문화를 체험할 수 있는 장소라는 뜻인지, 아니면 공연을 보고 음식을 먹는 행위 자체가 총체적으로 문화적이라는 것인지 궁금하다.

레스토랑, 바, 카페에 모두 사람들이 꽉 차서 뭘 사 먹을 엄두를 낼 수 없었다. 공연 전에 밖에서 이미 '싼' 걸로 배를 두둑하게 채우고 들어간 뒤라 더욱 그랬다. 그래서 그냥 홀을 이리저리 누비며 사람 구경을 했다. 그러다가 희한한 것을 보았다. 한쪽 벽 높은 곳에 유리로 된 대형 엘리베이터가 매달려 있는 것이 아닌가. 아니, 엘리베이터가 왜 저기에 매달려 있고, 사람들은 또 저기에 어떻게 들어간 거지? 자세히 보았더니 그것은 일종의 착시 현상이었다. 온통 거울로 되어 있는 벽면에 맞은편 철제 구조물의 모습이 그대로 반사되고, 거기에 유리 박스처럼 생긴 것

—
휴식 시간에 폴 햄린 홀에 있는 레스토랑에서 식사와 차를 즐기는 관객들

이 박혀 있어 마치 공중에 매달린 것처럼 보인 것이다. 이곳은 객석의
최상층과 연결되는 앰피시어터 레스토랑으로 아래층에서 보이는 곳은
벽의 일부이고, 그 앞으로 상당히 넓은 공간이 있다고 한다.

  여행 중에 공연을 볼 생각이라면 당일에 무리한 스케줄을 짜지 않는
것이 좋다. 공연히 본전 생각하고 무리했다가는 공연을 보면서 꾸벅꾸
벅 조는 수가 있기 때문이다. 오전에 오페라 극장에서 제공하는 투어에

참여하고, 극장 안의 레스토랑에서 점심이나 저녁을 먹은 후 공연을 보는 것도 좋은 방법이다. 로열 오페라 하우스는 이렇게 보람 있게 시간을 보낼 수 있는 하드웨어와 소프트웨어를 두루 갖추고 있다. 온종일 극장 안에서 놀 수도 있다.

지금 생각하니 극장 안에 있는 레스토랑에서 식사하지 않은 것이 후회된다. 워낙 티켓값이 비싸서 식사까지 한다는 생각은 못 했는데, 이왕 문화 체험을 할 거라면 풀코스로 하는 것이 좋지 않았을까. 그나저나 극장 안에 있는 레스토랑의 음식 맛은 어떨까? 궁금해서 로열 오페라 하우스 레스토랑에 대한 사람들의 리뷰를 찾아보았다. 우리의 친절한(?) 구글 번역기가 들려주는 고객의 평가는 이랬다.

"나는 완벽한 경험을 위해 주중 저녁에 참석했습니다. 두 코스를 가진 오페라에서 네 코스와 와인. 그것은 전설적이었습니다. 스톨스 써클에 있는 동료 후원자들이 마늘과 맺은 버터에 동의했는지는 궁금합니다. 직원은 걸출했습니다. 잘못을 친절하게 대했습니다."

리뷰를 보니 '전설적인' 곳에서 '걸출한' 직원이 가져다주는 '마늘과 맺은 버터'를 먹어 보지 못한 것이 한이 된다. 다음에 한번 더 가서 '마늘과 특별한 인연을 맺은' 이 버터의 맛을 보아야 할까. 만약 그렇게 되면 나는 과연 그 맛에 '동의'할 수 있을까.

흥미진진한
고대 이집트로의
여행

대영박물관(British Museum)

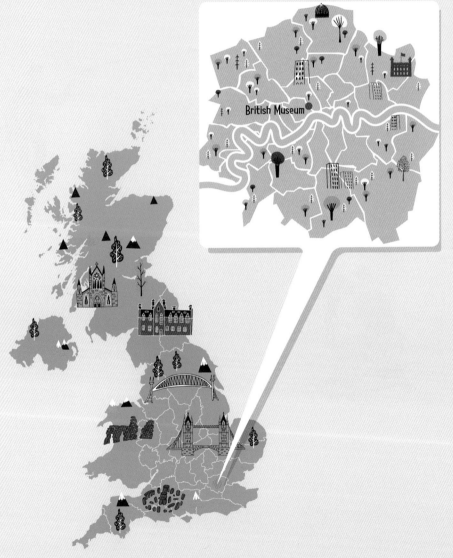

London

British Museum

나는 고고학에 흥미가 많다. 그래서 스티븐 버트먼의《동굴에서 들려오는 하프 소리》같은 고고학 관련 서적을 즐겨 읽곤 한다. 만약 내가 다시 태어날 수 있다면 다음 생에는 고고학자가 되고 싶다. 학문적 열정만 있는 가난한 고고학자가 아니라 엄청 부자라서 돈 걱정 안 하고 이곳저곳 마음껏 파 볼 수 있는 갑부 고고학자, 아니면 고고학에 대한 애정이 너무나 각별해서 필요할 때마다 '무조건' 발굴 비용을 대 주는 물주를 가진 고고학자가 되고 싶다. 그런 상태에서 한 100년 전으로 돌아간다면 어떨까. 고고학자가 되어 이집트의 기자 지구에서 어떤 파라오의 무덤을 발굴한다면? 생각만 해도 짜릿하다.

스티븐 소머즈 감독의 영화 〈미이라 2The Mummy Returns〉는 줄거리는 별로지만 볼거리 하나만큼은 확실하게 보여 주는 영화다. 화면 가득 펼쳐지는 고대 이집트의 이국적인 풍광들, 정교한 공예품과 거대한 건축물, 상형문자가 새겨진 파피루스, 아름다운 벽화, 신비로운 석상 그리고 이집트 특유의 모래사막에 이르기까지 그야말로 이집트의 모든 것을 눈으로 즐길 수 있게 해 준다. 물론 제목처럼 미라도 실컷, 정말 신물 나게 볼 수 있다. 영화에 나오는 미라는 인간에게 그다지 우호적이지 않다. 온갖 흉측한 모습으로 살아나 인간을 공격한다.

〈미이라 2〉에서는 수천 년 동안 잠자고 있던 미라가 부활하는 장면이 나오는데, 그 장소가 바로 런던의 대영박물관이다. 사실 미라의 부활이라는 측면에서 대영박물관만큼 적격인 곳도 없다. 영화와는 다른 의미지만 대영박물관이 미라의 부활에 기여한 것은 사실이기 때문이다. 땅속에서 수천 년 동안 잠자고 있던 미라를 꺼내 그 실체를 만천하에 공개했으니 이것이야말로 또 다른 의미의 부활이 아니고 무엇이겠는가.

대영박물관은 세계 각지에서 수집한 방대한 유물들을 소장하고 있다. 선사 시대부터 현재에 이르기까지 인류 역사의 전 과정을 망라하는 고고학, 민속학적 미술품이 무려 800만여 점에 이른다. 그런데 비록 '영국'이라는 이름이 붙었지만 이 박물관의 소장품들은 대개 남의 나라에서 그냥 가져오거나 훔쳐 오거나 헐값에 사 오거나 빼앗아 온 것들이다. 대영박물관에서 영국 것은 건물과 경비원밖에 없다는 우스갯소리가 나올 정도다. 그렇게 이 박물관은 과거 이 나라가 자행했던 통 큰 착취와 약탈의 역사를 집약적으로 보여 준다.

대영박물관을 하루 만에 둘러본다는 것은 거의 불가능한 일이다. 이 박물관에 있는 전시품을 찬찬히 살펴보려면 '런던에서 한 달 살기' 같은 계획을 세워야 한다. 따라서 나처럼 갈 길이 바쁜 여행자는 선택과 집중을 할 수밖에 없다. 그래서 나는 고대 이집트에 집중하기로 했다.

이집트 최고의 미남 파라오 람세스 2세

박물관에 들어가면 바로 거대한 석상의 행렬이 나타난다. 이집트 파라오의 석상들이다. 이 석상들은 대부분 19세기 초 당시 이집트 영사였던 헨리 솔트가 중개업자인 지오반니 벨조니의 도움을 받아 영국으로 들여온 것이다. 여기 죽 늘어서 있는 이집트 파라오 석상 중에서 미모가 단연 돋보이는 것은 람세스 2세의 석상이다. 이 석상은 보존 상태가 가장 좋을 뿐만 아니라 얼굴도 가장 잘생겼다.

람세스 2세는 고대 이집트 19왕조의 제3대 파라오였다. 기원전 1279년부터 기원전 1213년까지 무려 67년간 통치하다가 90세를 일기로 세상을 떠났으니 당시로서는 장수한 셈이다. 그가 죽고 열세 번째 아들이 왕위를 물려받았는데, 그 위의 아들들은 모두 아버지보다 먼저 세상을 떠났기 때문이라고 한다.

람세스 2세는 요즘 말로 하면 일종의 '삽질 왕'이었다. 아부심벨 신전,

대영박물관에 있는 람세스 2세의 석상

카르나크 신전, 라메세움을 짓고 수도를 이전하는 등 생전에 이집트 전역에서 대규모 건축공사와 토목공사를 벌였다. 람세스 2세는 엄청난 과시욕의 소유자이기도 했다. 이집트 여기저기에 자신의 석상을 세웠는데, 그중에는 아멘호테프 3세나 투탕카멘 같은 선대 왕의 석상을 재활용한 것도 있다. 입술을 깎아 내거나 불룩한 배를 홀쭉하게 만드는 식으로 모습을 슬쩍 바꾼 다음 거기에 자신의 이름을 새겨 넣었다. 그런가 하면 선조들이 세운 건축물에 선대 왕의 이름을 지우고 자기 이름을 새겨 넣기도 했다. 아예 대놓고 역사 왜곡을 일삼았던 셈이다. 그런 주제에 후대 왕들이 자기와 똑같은 짓을 못 하도록 자기 석상에는 람세스 2세라는 이름을 아주 깊게 새겨 넣었다고 한다.

대영박물관에 있는 람세스 2세의 석상은 본래 이집트 테베에 있는 람세스 2세의 신전에 있던 것이다. 문 양쪽에 같은 모양의 석상이 서 있었는데, 그중 하나를 가져왔다. 다른 파라오의 석상과 마찬가지로 람세스 2세는 머리에 네메스(Nemes; 머리 전체와 목을 감싸는 줄무늬 두건)와 코브라가 새겨진 관을 쓰고 있다. 석상의 뒷면에는 상형문자로 왕의 이름과 타이틀 그리고 아문 라Amun-Ra 신에게 바치는 문구가 새겨져 있다.

다른 파라오의 석상을 재활용한 것으로 미루어 현재 우리가 보고 있는 람세스 2세의 얼굴은 실제 얼굴과 다를지도 모른다. 여하튼 대영박물관에 있는 람세스 2세는 상당히 젊고 아름다운 청년의 모습을 하고 있다. 미모로 치면 파라오 중에서 단연 으뜸, 그야말로 '꽃미남'이다. 이런 미남이 은은한 미소까지 머금고 있으니 매력이 철철 흘러넘친다. 보고 있으면 그냥 마음이 빨려 들어가는 것 같다. 그 모습에 매료되어 이집트 여기저기에 흩어져 있는 람세스 2세 석상의 사진들을 찾아보았다. 그 결과 젊은 시절의 람세스 2세는 다른 파라오에 비해 잘생긴 축에 드는 것은 사실인 것 같다. 석상마다 차이가 있기는 하지만 그것을 모두 합쳐 평균값을 내도 보통 이상의 미모를 보여 주기 때문이다. 따라서 람세스는 실제로도 꽃미남이었을 것이다. 얼굴을 가지고 사기를 친다고 해도 설마 완전히 터무니없이 사기를 치지는 않았겠지.

람세스 2세가 젊은 시절의 풋풋한 모습으로만 우리에게 기억된다면 얼마나 좋을까. 그러나 그는 세상을 떠난 지 3천 년이 흐른 후, 꽃미남의 신화를 배반하는 모습으로 우리 앞에 나타났다. 그의 미라가 발견된 것이다. 현재 그의 미라는 이집트 카이로 박물관에 전시되어 있는데, 대영박물관의 석상과는 달리 늙고 병든 모습이다. 하기야 90세에 죽었으니 그럴 만도 하지. 미라를 분석한 전문가들의 말에 따르면 그는 관절염으로 매우 고생했으며, 발가락 일부와 다리가 썩어들어 가는 병을 앓았다고 한다. 그렇게 고생하다가 죽음을 맞은 람세스 2세는 황금시대를 구가하던 젊고 건장한 시절의 모습과는 거리가 있었다. 미라가 바짝 말라 있었기 때문일까. 무덤에서 발견된 미라를 증기선을 이용해 카이로로 운반하는데, 선박 감시원이 이것을 건어물로 분류해 세금을 매겼다는 일화가 유명하다.

1976년, 람세스 2세는 또다시 세인의 주목을 받았다. 미라에 곰팡이가 생겨 치료차 프랑스로 보내졌는데, 그때 이집트 정부에서 미라에게 여권을 발급해 주었기 때문이다. 미라의 얼굴이 찍힌 사진 옆에 기록된 신상명세서의 내용은 다음과 같다.

"이름: 람세스 2세, 생년월일: BC 1303, 국적: 이집트인, 발행일: 1974년 9월 3일, 유효 기간: 1981년 9월 3일."

그 옆에 출생지를 쓰는 난도 있는데, 이것은 공란으로 비워 두었다. 이렇게 람세스 2세는 여권을 소지한 세계 최고령자로 프랑스 국경을 넘었다. 프랑스는 미라를 받을 때 국가 원수에 준하는 환영식을 베풀었으며, 치료가 끝난 뒤 미라를 다시 아마포로 쌀 때도 고대 이집트 의식을 재현했다.

미라로 만나는 고대의 선남선녀

이집트 파라오들의 석상을 관람한 후 미라를 전시해 놓은 방으로 들어갔다. 영화 〈미이라 2〉에서 대영박물관의 고대 이집트 담당 큐레이터 발터스 하페즈는 고대 이집트 사제인 이모텝의 미라를 가져와 부활시

키려 한다. 하페즈가 〈사자의 서〉를 펴 놓고 주문을 외우자 이모텝의 미라가 살아난다. 그리고 바로 그 순간 고대 이집트 보물전에 전시되어 있던 미라들도 온몸을 비틀고 비명을 지르며 하나둘씩 깨어나기 시작한다. 영화에 나오는 대영박물관의 미라들은 정말 비호감이다. 얌전히 누워 있지 않고 마구 몸을 떨거나 관에서 벌떡 일어나 지나가는 사람의 팔목을 잡으며 공포감을 조성한다.

전시실을 둘러보면서 영화처럼 이 방에 있는 미라들이 모두 부활한다면 어떻게 될까 하는 엉뚱한 생각을 해 보았다. 그러나 다행히 현실 세계의 미라들은 얌전하고 조용하다. 게다가 다 유리관에 갇혀 있으니 얼마나 다행스러운 일인가.

방에 들어가자마자 제일 먼저 눈에 들어온 것은 자연 상태로 건조된 남자의 미라였다. 키가 163센티미터 정도 되는 이 미라는 나일강 근처에서 발견되었는데 무려 5,400년 전의 것이라고 한다. 세상에! 5,400년이라니! 사막의 건조함이 5천 년이 넘는 시간 동안 남자의 시신이 부패하는 것을 막은 것이다. 남자는 그렇게 오랜 세월 동안 파묻혀 있다가 어느 날 갑자기 모습을 드러냈다. 그리고 1901년부터 무려 100년이 넘는 기간 동안 대영박물관의 유리관 안에서 웅크린 자세로 뭇사람들의 시선을 받고 있다. 시신의 보존 상태가 정말 놀라웠다. 두피에는 연한 적갈색 머리카락이 그대로 붙어 있었다. 살짝 벌어져 있는 입안으로 치

—
자연 상태로 건조된 5,400년 전 사람의 미라

아가 보였는데, 치아는 하나도 빠짐없이 모두 제자리에 있었으며 상태
도 아주 건강하다고 한다.

오늘날 남아 있는 미라들은 대개 죽은 후 방부 처리를 해서 만든 것
이다. 이집트 사람들이 미라를 만든 과정을 보면 참 끔찍하기 이를 데
없다. 시신의 콧구멍 안에 길고 뾰족한 갈고리를 집어넣어 뇌를 파내고,
갈비뼈 밑 부분을 잘라 그곳을 통해 몸속의 장기들을 모두 꺼낸 다음

고대 이집트 소녀 클레오파트라의 미라

각각 다른 항아리에 담았다. 이때 심장만은 몸 안에 그대로 남겨 놓았
는데, 이유는 저승에서 심장의 무게를 달아 보는 절차가 있기 때문이다.
이렇게 심장을 중요하게 생각한 데 비해 뇌는 아주 하찮은 것으로 취급
했다. 그래서 그냥 파 버렸다.

　장기를 담는 항아리는 '카노푸스 단지Canopic Jar'라고 하는데, 각 장기
를 수호하는 신이 따로 있었다. 사람 머리 모양의 임세티Imesty 신의 항

아리에는 간, 원숭이 머리 모양의 하피Hapy 신의 항아리에는 허파, 자칼 머리 모양의 두아무테프Duamutef 신의 항아리에는 위, 매의 머리 모양의 퀘베세누에프Qebehsenuef 신의 항아리에는 창자를 넣었다. 영화 〈미이라 2〉에도 이 항아리들이 나온다. 부활한 이모텝이 항아리에서 장기를 꺼내어 던지자 장기들이 모두 살아 움직이는 괴물로 변하는 것이다. 이 장기 변신 괴물들이 차를 타고 도망치는 오코넬 가족들을 공격하는데, 이 장면은 약간 만화 같은 느낌이 들기도 한다.

한때 이집트의 어떤 도시를 활보했을 선남선녀들이 이제는 미라가 되어 아마포에 칭칭 감긴 채 누워 있다. 남녀노소는 물론 고양이, 개, 황소, 매, 악어 같은 동물까지 모두 미라 상태로 수천 년 동안 정지된 시간 속에 갇혀 있다. 시신을 담은 관과 시신을 감싼 아마포에는 생전에 그들이 어떤 모습이었으며, 이름은 무엇인지, 어떤 신분이었는지 말해 주는 그림이나 글씨가 새겨져 있다. 그중에 클레오파트라라는 17세 소녀의 미라도 보인다. 물론 이 클레오파트라는 우리가 알고 있는 이집트 여왕 클레오파트라가 아니다. 당시 이집트에서 클레오파트라라는 이름은 우리의 영희, 순희만큼이나 흔한 이름이었다고 한다.

미라 중에서 아주 색다른 형태의 미라가 눈에 띄었다. 로만 맨Roman Man이라고 불리는 이 미라는 이집트 테베에서 발견되었으며, 기원전 30년경에 만들어진 것으로 추정된다. 다른 미라들은 아마포로 온몸이

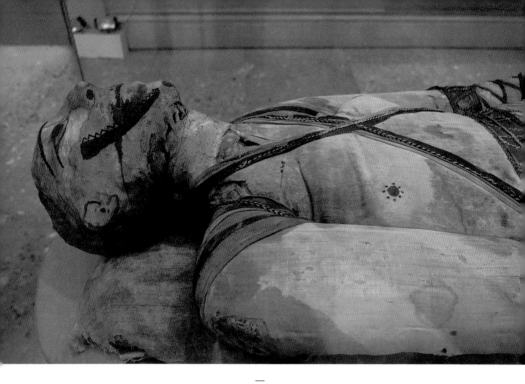

—
로만 맨의 미라

칭칭 감겨 있는데, 이 미라는 얼굴, 머리, 팔다리, 손가락, 발가락 등 몸
의 형체가 그대로 드러나게 되어 있는 것이 특이하다. 말하자면 아마포
가 일종의 피부처럼 보이도록 한 것이다. 형태가 드러난 얼굴 위에는 눈
과 눈썹, 입술, 귀, 구레나룻이 그려져 있다. 두피에 짙은 갈색 머리카락
이 그대로 붙어 있는 것이 보인다. 29세 정도의 청년인데, 심각한 치과
질환을 앓고 있었던 것으로 밝혀졌다. 어금니 5개는 이미 빠졌고, 5개의

미라를 담은 관

치아에 염증이 있으며, 뒤쪽에 있는 치아 중 하나에는 커다란 구멍이 나 있었다. 청년은 상당한 과체중이었지만 미라를 만들면서 다이어트를 했다고 한다.

미라의 모습은 그렇게 아름답다고 말할 수 없지만 미라를 담은 관만큼은 아름다웠다. 관 위에는 살이 오동통하게 오르고 혈색이 도는 미라의 생전 모습이 그려져 있다. 의상도 화려하고 장식도 화려하다. 사람처럼 서 있는 관들도 있었는데, 관들이 죽 늘어서 있는 모습이 마치 '화려한 죽음의 행렬' 같았다.

사후 세계로 안내하는 〈사자의 서〉

다른 방으로 들어가니 그 유명한 〈사자의 서Book of the Dead〉가 전시되어 있었다. 이집트 사람들은 미라를 땅에 묻을 때, 파피루스에 적힌 〈사자의 서〉도 함께 묻었다. 〈사자의 서〉는 죽은 사람이 사후 세계로 들어갈 때 필요한 갖가지 주문과 주술이 삽화와 함께 그려진 일종의 사후 세계 안내서다.

기원전 1290년경에 제작된 휴네퍼Hunefer라는 사람의 〈사자의 서〉가 눈에 띈다. 흰옷을 입은 휴네퍼가 자칼의 머리를 한 아누비스 신과 손잡고 사후 세계로 들어가고 있다. 그 앞에 커다란 저울이 있는데, 아누비스가 저울로 휴네퍼의 심장 무게를 재고 있다. 심장 반대편에는 깃털이 놓여 있다. 진실과 정의를 상징하는 깃털이다. 저울로 쟀을 때 깃털과 심장의 무게가 같아야 다음 세계로 갈 수 있다. 만약 여기서 심장이 깃털보다 무겁게 나오면 그건 망자가 인생을 잘못 살았다는 뜻이 된다. 그러면 옆에 있는 괴물에게 잡아먹힌다. 다행히 휴네퍼의 심장을 달아 보

고 그가 흠이 없다는 판정이 내려졌다.

　이제 휴네퍼는 지하 세계의 신 오시리스 앞으로 나아간다. 오시리스가 왕좌에 앉아 휴네퍼를 맞고 있다. 오시리스 신이 내장이 담긴 항아리에서 내장을 꺼내 그에게 붙여 주면 그는 영생을 얻게 된다. 오시리스 신 뒤에서는 그의 아내인 이시스 여신이 이를 지켜보고 있다.

　〈사자의 서〉에 나오는 인물들은 모두 가슴이 정면을 향하고 있다. 이집트 예술품의 전형인 이런 인물 묘사 규칙을 미술에서는 '정면성의 원리'라고 한다. 이에 반해 얼굴과 다리는 옆모습을 그렸다. 얼굴은 측면, 가슴은 정면, 다리는 다시 측면인 이런 식이다. 요즘 기준으로 보면 상당히 불합리하고 부자연스러운 묘사 방식이라고 하지 않을 수 없다. 고대 이집트에서는 높은 신분의 사람을 묘사할 때 언제나 이 법칙을 적용했다. 여기에는 어떤 예외도 있을 수 없었다. 그렇게 정면성의 원리는 이집트 신분 제도의 경직성과 절대성만큼이나 확고한 절대 불변의 법칙이었다. 그런 방식으로 그림의 대상이 된 존재가 영원한 우주 질서의 대변자라는 사실을 강조하고자 했다.

네바문의 즐거운 사후 생활

　부자연스러운 정면성의 원리에 따라 그림을 그렸음에도 불구하고 결과물은 말할 수 없이 아름다웠다. 대영박물관의 이집트관에 있는 네바문의 무덤 벽화The Tomb Chapel of Nebamun는 그런 것 중 하나다. 네바문은 기원전 1350년경에 살았던 이집트의 곡식 창고 관리이자 서기였다. 아문 신전 소속이었던 그는 전국에서 생산된 곡식을 거두어 각 신전이나 관리들에게 나누어 주는 일을 했다. 비록 계급은 낮았지만 곡식을 배급하는 권한이 있었기 때문에 실질적으로는 꽤 큰 권력을 행사했으며 물질적으로도 상당히 풍족했던 것으로 보인다. 상류층도 아닌 주제에 자기를 위해 호화 무덤을 짓고, 거기에 온갖 호사스러운 벽화를 그려 넣도록 했으니 말이다.

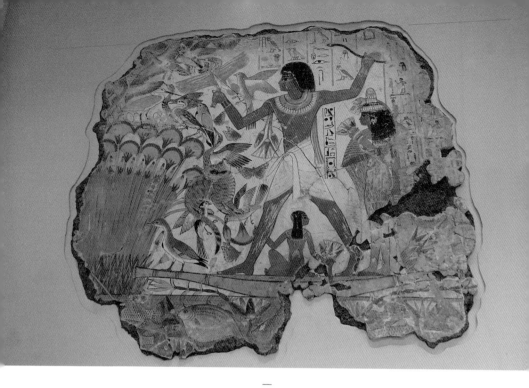

—
네바문의 무덤 벽화 중 〈늪지의 새 사냥〉

이집트에 있던 네바문의 무덤 벽화는 1820년에 영국에 들어왔다. 벽을 통째로 옮길 수 없어서 벽화가 있는 부분을 열한 조각으로 뜯어서 가져왔는데, 상당히 거칠게 뜯었는지 귀퉁이가 떨어져 나간 것도 있다. 그렇게 온전한 상태가 아닌데도 네바문의 무덤 벽화들은 놀랍도록 아름답고 화려하고 역동적이었다. 아주 화사하고 명랑한 색깔로 '즐거운 사후 생활'을 묘사했다. 벽화에 그려진 사후 생활은 사실 이승의 삶을 그린 것이나 다름없다. 네바문의 무덤 벽화에는 산해진미가 가득한 제사 장면, 악사와 무희가 등장하는 연회 장면, 네바문이 농산물을 점검하는 장면, 사후 세계의 정원 그리고 늪지에서의 사냥 등 고대 이집트에서 좀 '산다는' 사람들이 어떤 식으로 살았는지 보여 주는 그림들로 가득하다.

이 중에서 단연 명작은 늪지에서의 새 사냥 그림이다. 주인공은 가운데에 다리를 벌리고 서 있는 네바문이다. 파피루스로 만든 배를 탄 그가 뱀 모양의 무기를 들고 물새를 사냥하고 있다. 검은 가발을 쓰고, 구슬로 만든 거대한 목 띠를 두르고 있는 네바문의 모습이 군주처럼 당당하다. 갈대가 무성한 습지에는 틸라피아(열대 지방에서 자라는 민물고기), 복어, 이집트 붉은 거위, 호랑나비, 흰색과 검은색의 할미새가 있다. 주인과 함께 사냥하면서 이미 새 세 마리를 잡은 고양이의 모습도 보인다. 네바문 뒤에는 그의 아내가 수련을 들고 서 있고, 다리 밑에는 그의 딸이 수련을 따고 있다.

대영박물관에 있는 이집트 유물의 일부만 소개했는데도 글이 이렇게 길어졌다. 이 외에도 소개하고 싶은 귀한 전시물이 너무너무 많지만 여기서 끝내려 한다. 앞으로 또 기회가 있겠지.

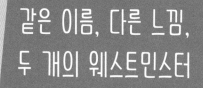

같은 이름, 다른 느낌,
두 개의 웨스트민스터

웨스트민스터 대성당(Westminster Cathedral)

웨스트민스터 사원(Westminster Abbey)

London

Westminster Abbey

Westminster Cathedral

영국의 황금시대를 이끌었던 엘리자베스 1세의 일대기를 그린 영화 〈골든 에이지Elizabeth: The Golden Age〉는 1585년 스페인 왕 펠리페 2세가 잉글랜드 침공을 선언하는 장면으로 시작한다. 펠리페 2세는 '가톨릭의 수호자 펠리페'라는 별명으로 불릴 정도로 광적인 가톨릭 신봉자였다. 그는 왕위에 오르기 전 잉글랜드의 메리 여왕과 결혼해 영국에서 살았다. 메리 여왕 역시 열렬한 가톨릭 신자였다. 아버지 헨리 8세가 친모인 캐서린 왕비와 이혼하고 앤 불린과 결혼하기 위해 로마 가톨릭에서 탈퇴해 영국 국교회를 세웠으니 개신교에 대한 반감이 컸을 것이다. 그래서 그런지 헨리 8세가 죽은 뒤 왕위에 오르자 개신교도들을 무지막지하게 탄압했다. 워낙 잔혹하게 탄압해서 '피의 메리Bloody Mary'라는 별명까지 얻었는데, 아마 이때 여왕의 남편인 펠리페 2세도 맞장구쳤을 것이다. "그래. 개신교도들은 다 악마야. 죽어도 싸." 하고 말이다.

　하지만 메리 여왕은 잉글랜드에서 가톨릭교회가 완전히 회복되는 것을 보지 못하고 세상을 떠났다. 그 뒤를 이어 이복동생인 엘리자베스가 왕위에 올랐는데, 그녀는 개신교회와 가톨릭교회 간의 극단을 피하는 중용의 길을 택했다. 개신교를 다시 영국 국교로 확립하고 자신을 영국 국교의 수장으로 선언했지만 메리 여왕이나 펠리페 2세처럼 특정 종교를 광적으로 신봉하는 골수분자는 아니었다.

그런데 펠리페 2세는 개신교를 국교로 정한 잉글랜드가 영 못마땅했던 모양이다. 영화의 첫 장면에서 그는 딸 이사벨라에게 "잉글랜드는 지금 악마가 지배하는 세상이 되었다. 신께서 나에게 새로운 임무를 명령하셨다."라고 말한 뒤 잉글랜드 침공을 감행한다. 물론 그가 잉글랜드를 침공한 데는 종교적인 이유보다 더 근본적인 이유가 있었을 것이다. 하지만 영화에서는 가톨릭을 신봉하는 펠리페 2세가 개신교를 선택한 잉글랜드를 응징하기 위해 전쟁을 선포하는 것으로 나온다.

영화에서 펠리페 2세가 전쟁을 선포하는 장면을 찍은 곳은 런던에 있는 웨스트민스터 대성당이다. 사실 이 영화를 보기 전까지 나는 런던에 웨스트민스터 사원 말고 같은 이름의 성당이 있는지 모르고 있었다. 영화를 보면서 저렇게 아름다운 곳은 대체 어디일까 궁금했는데, 그게 바로 웨스트민스터 대성당이었다. 웨스트민스터 대성당은 정말 이루 말할 수 없게 아름답다. 아니, 아름답다는 말로는 부족하다. 뭔가 굉장히 이국적이고 신비롭고 로맨틱하고 환상적이다.

웨스트민스터 사원(왼쪽)과 웨스트민스터 대성당(오른쪽)

런던에는 '웨스트민스터'라는 이름의 교회가 두 개 있다. 하나는 우리가 잘 아는 웨스트민스터 사원Westminster Abbey이고, 다른 하나는 지금 얘기하는 웨스트민스터 대성당Westminster Cathedral이다. 서로 가까운 지역에 있어서 혼동하기 쉬운데 이름은 같지만 완전히 다른 곳이다. 소속도 다르다. 웨스트민스터 사원은 영국 국교회 소속이고, 웨스트민스터 대성당은 가톨릭 소속이다. 따라서 런던에서 택시를 타면 기사에게 사원인지 성당인지 정확하게 말해야 한다. 그렇지 않으면 엉뚱한 곳에 내려 줄 수도 있다.

네오비잔틴 양식의 웨스트민스터 대성당

영국의 가톨릭은 헨리 8세가 영국 국교회를 세우면서 핍박을 받았다. 메리 여왕이 통치하던 시절에 반짝 일어나기는 했지만 여왕이 일찍 세상을 떠나면서 다시 위상이 추락했다. 웨스트민스터 대성당은 웨스트민스터 대교구의 주교좌 성당이다. 잉글랜드와 웨일스를 통틀어 가장 규모가 크지만 가톨릭의 위상이 국교회만 못하고, 또 근처에 같은 이름의 사원이 있어서 그런지 존재감이 별로 없는 편이다.

하지만 나는 건축물의 아름다움에 있어서만큼은 이 성당이 웨스트

웨스트민스터 대성당의 본당

민스터 사원을 훨씬 능가한다고 생각한다. 건물의 역사는 그리 길지는 않다. 1910년에 봉헌식을 했으니까 100년 정도 된 셈이다. 유럽의 다른 성당에 비하면 거의 어린아이 수준이다. 건물은 네오비잔틴Neo-Byzantine 양식으로 지어졌다. 네오비잔틴 양식은 옛 비잔틴 제국의 건축 양식을 따르는 복고적 건축 양식을 말한다. 네오비잔틴이라는 말을 듣는 순간 깨달았다. 내가 이국의 신비로움, 로맨틱하게 환상적이라고 감탄해 마지않는 것. 그것의 실체가 바로 비잔틴이라는 것을. 몇 년 전 이탈리아 라벤나에 있는 산비탈레 성당에 들어갔을 때도 똑같은 느낌을 받았었다. 그 화려하고 환상적인 색의 향연에 벌어진 입을 다물 수 없었다. 인류 역사상 비잔틴 예술가들만큼 색을 마음껏 '즐긴' 사람들이 또 있을까? 색색의 모자이크가 펼치는 찬란한 색의 향연! 시대를 초극하는 광휘!

웨스트민스터 대성당은 중세를 풍미했던 색의 향연을 오늘날에 구현한 곳이다. 붉은 벽돌을 켜켜이 쌓아 올려 지은 외관부터가 남다르다. 무색무취의 육중한 돌로 지어진 다른 성당에 비해 아기자기한 맛이 있다. 이렇게 비잔틴 건축은 외관에서부터 현세 사람들의 눈을 즐겁게 한다.

성당에 들어서면 저 멀리 거대한 십자가상이 보인다. 성당의 십자가상은 대개 벽에 붙어 있지만 이곳의 십자가상은 제단 앞 천장에 매달려 있다. 예수가 못 박힌 십자가의 네 귀퉁이를 네 명의 천사가 떠받들

성모 마리아를 기리는 레이디 채플

고 있다. 십자가는 고난의 상징이다. 그러나 그 고난은 고난으로 끝나지
않는다. 그 위에 있는 둥근 천장(돔)에서 고난에 대한 보상이 이루어지기
때문이다. 건축에서 성당의 둥근 지붕은 하늘 즉, 천국을 의미한다. 십
자가에 못 박히는 고난을 당한 예수는 그 후 하늘로 올라간다. 그곳에서
열두 제자와 천사들의 칭송을 받으며 천상의 행복을 누린다. 성당의 십
자가상 위로 그런 하늘이 펼쳐져 있다. 그 하늘의 푸른빛이 얼마나 아름

답고 신비로운지 모른다. 밝고 찬란하게 빛나는 유일한 그곳. 천국의 빛이 있다면 아마 저렇게 신비롭고 아름다운 푸른빛이 아닐까.

성당 안에는 채플(예배실)이 여러 개 있다. 그중 영화에서 펠리페 2세가 있던 곳은 성모 마리아를 기리는 레이디 채플Lady Chapel이다. 각각의 채플이 내세우는 색조가 다 다른데, 레이디 채플의 기본색은 황금빛이다. 제단 위 정면으로 보이는 둥근 천장 한가운데에 예수의 형상이 있다. 그 위와 아래를 관통하는 나무는 생명의 나무로 이는 영생을 상징한다. 이 나무에서 가지가 돋아나고 생명수가 솟아난다. 그곳에서 새를 비롯한 세상의 모든 생명체가 영생의 안식을 누린다.

나무 왼쪽에는 런던 탑과 타워 브리지를 배경으로 성모 마리아가 서 있다. 성모 마리아가 런던의 수호자라는 의미이다. 그 옆으로 수태고지를 담당했던 대천사 가브리엘과 마리아에게 헌신한 성인들이 보인다. 나무 오른쪽에는 성 베드로가 있고, 그 뒤로 웨스트민스터 성당이 보인다. 성 베드로가 웨스트민스터 성당의 수호자라는 뜻이다. 베드로 옆에는 대천사 미카엘과 다윗왕이 있다.

대리석으로 화려하게 장식된 벽감과 더불어 황금빛으로 빛나는 둥근 천장 위에 펼쳐진 천사들의 날개가 인상적이다. 지금까지 천사들이 이렇게 날개를 위로 치커들고 있는 형상을 본 적이 없는 것 같다. 천사의 날개가 장식 문양의 기능을 하며 밑에 있는 초록색 리스와 시각적인 대

—
성 요셉 채플

응을 이루고 있는 것이 인상적이었다.

한편 영화에서 펠리페 2세의 딸 이사벨라가 서 있는 곳은 성 그레고리와 성 아우구스티누스 채플이다. 이들은 잉글랜드에 처음으로 복음을 전파한 성인들인데, 화면에는 잘 안 나오지만 이사벨라 뒤에 있는 패널에 이들의 형상이 새겨져 있다.

이 외에도 웨스트민스터 대성당에는 채플이 많다. 성 조지와 영국 순

보리스 안레프(Boris Anrep)가 디자인한 공작과 독수리 모자이크

교자 채플, 성 안드레아와 스코틀랜드 성인 채플, 성 패트릭과 아일랜드 성인 채플, 성 요셉 채플, 성 바울 채플, 성 베드로 지하 채플, 성령과 성 미카엘 채플, 캔터베리의 성 토마스 채플, 성령 채플, 성찬실 등이 있는데, 모든 채플의 바닥과 벽, 천장이 화려한 모자이크와 색대리석으로 장식되어 있다.

채플들이 처음부터 현재의 모습을 했던 것은 아니다. 성당을 봉헌할 당시에는 썰렁했다고 한다. 그 후 근 100년에 걸쳐 차례차례 채플을 장식했는데, 이 중에서 가장 최근에 장식을 끝낸 곳은 성 조지와 영국 순교자 채플이다. 여기서 인상적인 것은 하늘을 의미하는 둥근 천장에 박혀 있는 불꽃들이다. 초록과 노랑, 붉은빛을 띤 이 불꽃들은 영국에서 신앙을 위해 목숨을 바친 40명의 순교자를 상징한다고 한다. 각각의 불꽃 속에 순교자의 이름이 새겨져 있다. 짙은 푸른빛의 어두운 하늘은 가톨릭이 박해받았던 16, 17세기의 어두운 시대를 의미한다. 그 박해의 하늘에 순교자들이 큰 별처럼 박혀 있다. 순교자들의 영원한 믿음이 불꽃처럼 여전히 이 세상을 비추고 있는 것이다.

웨스트민스터 대성당의 채플들은 모두 벽, 바닥, 아치, 기둥, 둥근 천장이 금색 바탕의 다양한 대리석 장식과 모자이크, 공예품으로 채워져 있는데, 벽과 천장을 프레스코화로 장식한 다른 양식의 성당과는 차원이 다른 시각적 즐거움을 준다. 훨씬 명랑하고 현세 지향적이다.

영국 정신의 총본산, 웨스트민스터 사원

인근에 있는 웨스트민스터 사원은 웨스트민스터 대성당과 이름은 같지만 느낌은 전혀 다르다. 웨스트민스터 사원은 13~16세기에 걸쳐 지어진 고딕 양식의 건물이다. 역사는 오래되었지만 사실 건물 외관은 미학적인 측면에서 보자면 상당히 실망스러운 수준이다. 웅장하고 견고하기만 할 뿐 사람의 눈을 잡아끄는 매력이 없다. 특히 웨스트민스터 대성당을 보고 온 사람이라면 더욱 그런 느낌이 들 것이다.

그런데 이렇게 건조한 건물에 보기만 해도 가슴 따뜻해지는 공간이 있다. 사원 출입문 위에 새겨진 열 명의 성자상聖子像이다. 이 성자상은 인종, 국적, 성별, 나이를 초월한다. 1941년 성 프란치스코회 소속 신부로 아우슈비츠 수용소에서 다른 사람을 대신해 죽기를 자청한 막시밀리아노 마리아 콜베, 토착 종교를 믿다가 영국 국교회로 개종했다는 이유로 1928년 아버지에게 피살당한 만체 마세몰라, 우간다의 독재자 이디 아민의 치하에서 1977년에 암살당한 자나니 루움 대주교, 대공비의 신분으로 수녀가 되었으나 1918년 러시아 혁명 때 볼셰비키에 의해 피살된 엘리자베트 표도르브나, 미국에서 흑인 인권 운동을 벌이다가 1968년에 암살된 마틴 루서 킹 목사, 1980년 엘살바도르 군사정권에

—
사원 입구 위에 세워진 열 명의 성자상

항거하다 암살된 오스카 로메로 대주교, 1945년 히틀러 암살 기도 사건
의 범인으로 지목되어 처형당한 독일의 디트리히 본회퍼 목사, 1960년
과격 무슬림에게 피살된 에스터 존, 1942년 태평양 전쟁 때 일본인에게
피살된 루시안 타페디 그리고 1973년 공산 정권하에서 피살된 왕지밍
의 조각상이 있다. 특정 종파나 민족의 경계를 넘어 인류 보편의 가치와
사랑을 구현한 따스함이 외관의 투박함을 상쇄해 주는 것 같다.

웨스트민스터 사원의 외벽이 인류 공통의 가치를 구현하는 곳이라면 사원 안은 영국인에 의한, 영국인을 위한, 가장 영국적인 이벤트가 열리는 곳이다. 역대 왕들의 대관식과 결혼식, 장례식 등 역사적으로 중요한 의식들이 모두 이곳에서 치러졌다. 1066년 이래 40명의 왕이 여기서 대관식을 치렀고, 로열 웨딩이 거행된 것만도 16회에 이른다.

그런가 하면 웨스트민스터 사원은 영국 혼의 안식처이기도 하다. 엘리자베스 1세를 비롯한 역대 영국 왕과 수상은 물론, 찰스 다윈과 아이작 뉴턴을 비롯해 역사적으로 중요한 인물들의 유해가 바로 이곳에 안치되어 있다. 묻혀 있는 유해만 3천 기 이상이고, 벽에는 600여 개에 이르는 동상과 동판들이 붙어 있다. 독일 출신이지만 나중에 영국으로 귀화한 작곡가 헨델의 묘도 이곳에 있다.

아주 오래전 런던에 갔을 때 웨스트민스터 사원에 간 적이 있었다. 그런데 마침 일요일 아침 예배 시간이라 그런지 입구에서 관광객의 입장을 막고 있었다. 애써 찾아왔는데 그냥 돌아가야 하나 난감했다. 그러다가 예배에 참석하겠다는 사람은 들여보내 주는 것을 알게 되었다. 그래서 나도 예배를 보러 왔다고 하고 안으로 들어갔다. 그리하여 영국 국교회 예배에 참석하는 기회를 얻게 되었다.

그런데 이게 탁월한 선택이었다. 그냥 사원 안을 쓱 둘러보는 것보다 훨씬 좋았다. 사원 건물이 하드웨어라면 예배의식은 소프트웨어인데,

—
웨스트민스터 사원의 스테인드글라스

이렇게 예배에 참석하면 두 가지 모두 체험할 수 있다는 이점이 있다. 특히 어디선가 들려오는 성가대의 노랫소리와 파이프 오르간 소리가 압권이었다. 마치 천상에서 들려오는 소리 같았다. 예배가 끝난 후 오르가니스트가 관객(?) 서비스 차원에서 막스 레거의 현대적인 오르간 곡을 연주한 것도 인상적이었다.

이런 경험이 있었기에 이번에도 웨스트민스터 사원의 오르간 소리를 들어야겠다고 생각했다. 사원 홈페이지에서 일요일 오후 5시 45분에 오르간 연주회가 열린다는 정보를 얻었다. 연주곡은 헨델의 오르간 협주곡. 와! 웨스트민스터 사원에서 헨델의 오르간 협주곡을 들을 수 있다니! 설레는 가슴을 안고 도착한 웨스트민스터 사원에는 오르간 연주를 들으러 온 사람들이 길게 줄을 서 있었다.

몇 년 만에 또다시 체험한 환상적인 소리의 향연. 고딕 양식의 성당에서 오르간 소리를 들으면 그 웅장한 소리 자체에 압도되고 만다. 그냥 내가 신 앞에 한없이 초라한 미물이라는 생각만 든다. 현대에 사는 내가 이 정도니 옛날 사람들은 오죽했을까. 서양의 교회는 수 세기에 걸쳐서 민중의 마음을 압도할 여러 장치를 매우 정교하게, 매우 예술적으로 발전시켜 왔다. 그 정점에 바로 파이프 오르간이 있다. 그 웅장한 소리를 들을 때면 우리 인간은 신 앞에서는 달리 어찌해 볼 도리가 없는 존재라는 생각을 하게 되기 때문이다.

연주회가 끝난 후, 바로 그 자리에서 열린 저녁 예배에 참석했다. 예배에서 설교하는 신부를 보면서 든 생각.

"와! 영어 정말 잘한다. 완전 본토 발음이네. 영국 사람들은 왜 이렇게 영어를 잘하는 거야!"

마이너스 손의 '남의 정원 답사기'

첼시 플라워 쇼
(Chelsea Flower Show)

London

Chelsea Flower Show

우리 집에서 내 별명은 '마이너스의 손'이다. 만지는 것마다 황금으로 바꾸는 미다스의 손을 패러디한 이 별명은 내가 만지는 것마다 '죽이기' 때문에 붙여진 것이다. 나는 평소 아름다운 식물이나 꽃을 보면 사족을 못 쓴다. 그래서 마구잡이로 사들인다. 그러나 그때뿐, 그 후로는 잘 돌보지 못한다. 그래서 얼마 지나지 않아 모두 시들시들 죽어 버린다. 이렇게 사들이는 화분마다 족족 죽이는 나를 보고 식구들이 '마이너스의 손'이라는, 발음은 매우 아름답지만 의미는 살벌한 별명을 붙여 주었다.

비록 마이너스의 손이지만 나는 아직도 '나의 정원'에 대한 로망을 버리지 못하고 있다. 물론 그 정원은 내가 직접 일해서 가꾸는 정원은 아니다. 다른 사람의 노동으로 유지되는, 그리하여 나는 그저 바라보며 즐기기만 하면 되는 정원을 말한다. 그런 의미에서 애초에 나는 귀족으로 태어났어야 했다. 그저 우아하게 "저기에 튤립 천 그루, 여기에 히아신스 오백 그루 심을 것" 하고 명령만 내리면 다음 해 봄에 튤립과 히아

신스가 만발한 눈부시게 아름다운 정원을 즐기게 될 테니 말이다.

꿈은 야무지지만 내가 현실적으로 '나의 정원'을 갖기란 거의 불가능한 일이다. 그래서 차선책으로 선택한 것이 '남의 정원'을 보는 것이다. 내가 정원에 대해서는 문외한이지만 그래도 나름의 취향은 있다. 취향은 자유니까 하는 말인데, 우리나라 고급 주택에서 흔히 볼 수 있는 정원, 예를 들어 석등이 서 있는 넓은 잔디밭, 가지치기가 잘된 상록수, 연식이 오래된 정원석, 그 사이에 식재된 철쭉나무, 잉어가 헤엄치는 연못과 물레방아가 있는 그런 정원은 솔직히 내 취향이 아니다. 나는 늘 푸른 나무보다 사계절의 변화를 보여 주는 나무가 좋다. 봄에는 꽃이 피고 여름에는 짙은 초록빛을 뽐내다가 가을에는 붉게 물들고 겨울에는 앙상한 가지만 남는 나무. 내가 만약 정원을 갖는다면 이런 나무를 심고 싶다.

정원도 사람의 손길이 닿은 것 같지 않아 보이는 자연스러운 정원이 좋다. 예전에 일본을 여행하면서 일본 정원을 본 적이 있다. 일본 정원은 자연스럽다. 그런데 그렇게 자연스럽게 보이려고 무지하게 계산한 흔적이 보인다. '자연스럽게' 보이기 위해 엄청나게 '인위적인' 노력을 기울였다는 의미다.

영국 정원은 일본 정원보다는 훨씬 자연스러워 보인다. 물론 '가드닝'이라는 것이 어느 정도 자연을 통제하는 기술이라는 점에서 인위적인 계산을 무시할 수는 없을 것이다. 관건은 자연을 마음대로 조정하고 싶은 인간의 욕망을 얼마나 잘 조절하느냐에 있는데, 영국 정원은 일본 정원보다 이런 면에서 훨씬 절제된 것 같다. 물론 이건 가드닝에 대해 문외한인 내 개인적인 생각이다. 전문가의 의견은 다를지도 모른다.

영국은 정원의 나라이다. 개인 주택에서부터 규모가 큰 궁전이나 성에 이르기까지 정원이 없는 곳이 없다. 나라 전체가 정원이라고 해도 과언이 아닐 정도다. 날씨도 안 좋은데 영국 사람들은 왜 이렇게 정원에 열광하는 걸까. 어쩌면 날씨가 좋지 않기 때문에 그런지도 모른다. 날씨가 찌뿌둥하니까 아름다운 꽃과 나무를 보면서 마음의 위안을 얻으려는 것이 아닐까. 여하튼 곳곳에 크고 작은 정원이 많은 영국은 '남의 정원'을 둘러보기에 좋은 나라다.

나의 '남의 정원 답사' 제1탄은 매년 5월 런던 근교 첼시에서 열리는 세계 최고의 정원 박람회 '첼시 플라워 쇼'이다. 티켓은 여행을 떠나기 전 한국에서 미리 사 두었다. 그런데 2장을 사야 하는데 실수로 4장을 사고 말았다. 카드 결제가 된 것을 최종적으로 확인해야 하는데, 에러가 나서 결제가 안 되었다고 생각하고 또 구매한 것이다. 사실 나는 이런 실수를 너무 자주 저지른다. 이번 여행에서도 이것 말고 호텔 객실을 두 개나 예약하는 실수도 저질렀다(값이 싼 대신 환불이 안 되는). 아! 나는 왜 이럴까? 나도 이런 내가 싫다.

전시장으로 향하는 마음이 편치 않았다. 남은 티켓을 팔아야 하는데 과연 사겠다는 사람이 있을까? 입구에 도착해서 티켓을 꺼내 들고 "티켓!" 하고 외쳤지만 아무도 사겠다는 사람이 없었다. 그때 안내원이 오더니 티켓 판매소로 가 보라고 한다. 갔더니 표를 사려는 사람들이 줄지어 서 있었다. 그중 한 커플에게 다가가 표를 사겠느냐고 했다. 두 장에 90파운드인데 깎아서 80파운드에 주겠다고 했다. 커플은 잠시 의논하더니 티켓을 사겠다고 했다. 휴. 다행이다. 만약 티켓을 팔지 못했다면 나의 부주의로 쓸데없이 돈을 낭비했다는 생각에 꽃을 보면서도 마음이 편치 않았을 것이다.

야생의 자연을 담은 〈켈트족의 성지〉

첼시 플라워 쇼와 관련된 영화 중에 비비엔느 드 커시 감독의 〈플라워 쇼Dare To Be Wild〉가 있다. 2002년 첼시 플라워 쇼 정원 디자인 부문에서 〈켈트족의 성지Celtic Sanctuary〉라는 작품으로 금메달을 차지한 아일랜드 출신 정원 디자이너 메리 레이놀즈의 삶을 그린 영화다.

메리 레이놀즈가 금메달을 땄을 당시 그녀의 나이는 28세로 첼시 플라워 쇼의 역대 금메달 수상자 중 최연소였다. 게다가 그녀는 폐쇄적이고 권위적인 첼시 플라워 쇼에서 수상한 최초의 아일랜드 출신 정원 디자이너이기도 했다. 커시 감독은 미국에서 활동하다 고향인 아일랜드로 돌아와 농가를 짓고 자연을 그대로 살린 야생 정원을 만들어 줄 정원 디자이너를 찾던 중 메리 레이놀즈를 알게 되었다. 그리고 그녀의 영화 같은 삶에 끌려 영화를 만들었다.

자연이나 정원, 꽃과 나무에 별 관심이 없는 사람은 이 영화가 다소 지루할 수 있다. 영화는 아일랜드에서 정원 디자이너로 활동하고 있던 메리 레이놀즈가 첼시 플라워 쇼에서 금메달을 획득하는 과정을 보여준다. 줄거리는 단순하지만 이 영화를 보는 재미는 다른 데에 있다. 화면 가득 펼쳐지는 아일랜드의 야생 그대로의 자연을 감상하는 재미이다. 정말 이 영화에 나오는 아일랜드의 자연은 환상 그 자체다. 메리 레이놀즈는 이런 야생의 자연을 자신의 정원에 구현했다. 그 정원에 자연과 교감했던 켈트족의 이야기도 담았다. 그것이 바로 첼시 플라워 쇼에서 그녀에게 금메달의 영광을 안겨 준 작품 〈켈트족의 성지〉이다.

아일랜드는 켈트 문화의 발상지다. 켈트 문화의 모티브는 켈트 신화인데, 이는 드루이드교 사제에 의해 구전되었다. 켈트 신화에서 신이나 요정이 사는 세상은 젊음과 생명력이 가득한 세상이다. 요정은 호수, 땅, 숲, 나무, 들판, 돌 어디에나 깃들어 있다. 영화를 보면 메리 레이놀즈가 어린 시절에 요정의 들판에 있는 스톤 서클Stone Circle에서 자연과

—
2002년 첼시 플라워 쇼 금메달 수상작인 메리 레이놀즈의 〈켈트족의 성지〉

교감하는 장면이 나온다. 이곳은 아일랜드 남서부 코크Cork 카운티에 있는 '드롬베그Drombeg 스톤 서클'인데, 아주 옛날에 드루이드교의 제단으로 쓰였다고 한다.

〈켈트족의 성지〉를 보면 메리 레이놀즈가 스톤 서클에서 영감을 받아 정원을 디자인했음을 알 수 있다. 이 정원은 그야말로 야생 에너지가 넘치는 곳이다. 아일랜드 코크 지방에서 채집한 옛 돌로 둥글게 쌓은 달 모양의 아치를 통해 정원으로 들어가면 작은 연못이 나타난다. 연못 주위에는 사람이 앉을 수 있는 돌의자가 놓여 있다. 의자를 구성하고 있는 돌은 다듬지 않은 자연 그대로의 돌이다. 둥근 연못 한가운데 불을 피울 수 있는 제단이 있다. 땅, 불, 물, 공기가 함께 만나는 곳이다. 여기에 불을 피우면 주변으로 신비로운 기운이 퍼져 나간다. 마치 먼 옛날 드루이드교의 의식이 눈앞에서 펼쳐지는 듯하다.

연못 주변에 조성된 나지막한 언덕에는 블루벨 꽃이 마치 카펫처럼 깔려 있다. 아일랜드 미스Meath 지방에 있는 타라 언덕에서 영감을 받은 것이다. 정원 뒤편에는 켈트 신화에 자주 등장하는 산사나무가 서 있는데, 이 나무는 이 신성한 공간을 보호하는 일종의 보호수 역할을 한다. 정원을 빙 둘러서 아일랜드 지방에서 흔히 볼 수 있는 돌담이 쌓여 있다. 돌담 사이에는 아일랜드 야생 품종인 서양톱풀, 아르메니아, 골고사리, 공작고사리, 차꼬리고사리 등이 심겨 있다. 정원을 조성하는 데 수백 종의 아일랜드 야생 식물이 동원되었다고 한다.

첼시 플라워 쇼를 주관하는 영국 왕립원예협회의 총재는 엘리자베스 여왕이다. 그래서 당연히 해마다 왕실 사람들이 첼시 플라워 쇼를 보러 온다. 단순히 관람만 하는 것이 아니라 정원 디자이너로 출전하기도 한다. 메리 레이놀즈가 우승한 해인 2002년에는 찰스 왕세자가 출전했다. 두 사람의 정원이 바로 옆에 붙어 있었는데, 영화를 보면 찰스 왕세자가 레이놀즈의 정원을 자기 정원으로 착각하는 장면이 나온다. 어떻게 자기가 디자인한 정원을 모를 수가 있지? 전문 정원 디자이너의 도움을 받았다고 하는데 실제 일은 전문가가 다 하고 찰스는 그저 숟가락만 얹은 것 아닌가 하는 생각이 들었다. 여하튼 그는 약재로 쓰이는 온갖 종류의 허브를 심은 〈힐링 정원〉이라는 작품으로 2002년 첼시 플라워 쇼에서 은메달을 수상했다.

정원 디자이너들의 꿈, 첼시 플라워 쇼

첼시 플라워 쇼를 주관하는 영국 왕립원예협회는 1804년 빅토리아 여왕의 남편인 앨버트 공이 정원에 관심이 많은 귀족들과 함께 만들었다. 첼시 플라워 쇼는 이 단체가 주최하는 행사 중에서 가장 중요하고, 가장 인기 있는 행사다. 매해 5월 마지막 주 화요일부터 토요일까지 5일

동안 열리는데, 5일 중에서 화요일과 수요일 이틀은 왕립원예협회 회원들에게만 개방된다. 일반인이 볼 수 있는 날은 사흘밖에 되지 않는데, 그 사흘 동안 무려 16만 명에 달하는 사람들이 이곳을 찾는다. 이렇게 인기가 많기 때문에 표를 미리 사 두어야 한다. 그래서 나도 한국에서 인터넷으로 미리 예매해 두었다. 정원을 보는데 종일 있을 필요가 있을까 싶어서 오후 3시 30분부터 8시까지 관람하는 표를 샀는데, 한 장에 45파운드였다. 겨우 반나절 구경하는 것치고는 만만치 않은 가격이다.

첼시 플라워 쇼는 단순한 꽃 박람회가 아니라 정원을 디자인하고 직접 시공해서 관람객에게 선보이는 정원 디자인 쇼이다. 영국에는 정원 디자이너가 많은데, 첼시 플라워 쇼는 그들에게 꿈의 무대이다. 그런 만큼 경쟁도 치열하다. 매해 1천 명 정도의 정원 디자이너가 응모한다고 한다. 먼저 정원을 디자인한 그림을 제출하는데, 이때 왜 이런 디자인을 하게 되었는지, 자신이 디자인한 정원을 통해 구현하고자 하는 것이 무엇인지 밝혀야 한다. 여기서 뽑히면 플라워 쇼 기간에 자신의 정원을 설치할 공간을 제공받는다. 이 공간에 디자이너가 시공자의 도움을 받아 직접 정원을 꾸민다. 그런데 그 수준이 장난이 아니다. 대충 식물을 심는 것이 아니라 진짜 정원을 만드는 것이다. 시공비가 10억 원 이상 들어갈 때도 있다고 한다.

2019년 첼시 플라워 쇼에도 왕실 가족이 디자이너로 참여했다. 찰스 왕세자의 아들 윌리엄 왕자의 부인 케이트 미들턴이다. 그녀가 두 명

2019년 첼시 플라워 쇼 출품작인 데이비드 닐(David Neale)의 〈The Silent Pool Gin Garden〉

의 전문가와 함께 만든 작품은 〈자연의 정원으로 돌아가다Back to Nature Garden〉이다. 정원의 중심에 떡갈나무로 장식한 나무 집을 설치하고 가지에 그네를 매달아 아이와 부모가 함께 놀 수 있는 장소로 만든 정원이었다. 윌리엄 왕자의 가족들은 개막 전 일요일, 이 정원에서 함께 즐거운 시간을 보내며 아름다운 정원에서 온 가족이 함께 노니는 행복한 가족의 모습을 보여 주었다.

2019년 첼시 플라워 쇼는 디자이너의 상상력을 보여 주는 쇼 가든show gardens 부문과 이보다 규모가 작은 아르티장 가든artisan gardens, 스페이스 투 그로우 가든space to grow gardens 부문에서 모두 27개의 작품을 선보였다. 정원 입구에 수상을 알리는 팻말이 세워져 있었지만 애써 읽어 보지는 않았다. 나에게는 수상 여부가 그렇게 중요하지 않았기 때문이다. 문외한이 봐서 뭘 알겠는가. 그저 내가 좋으면 그만이지. 이런 생각으로 작품을 감상했다. 정원은 모두 환상적이었다. 디자인도 독창적이지만 사실 내가 주목한 것은 정원에 심긴 각양각색의 아름다운 식물들이었다. 그냥 그렇게 아름다운 꽃과 나무들을 한자리에서 원 없이 볼 수 있다는 것이 좋았다. 정말 눈이 엄청난 호사를 누렸다.

첼시 플라워 쇼는 단순한 가든 디자인 쇼가 아니다. 식물의 보존, 개발, 유통, 마케팅에 관한 다양한 정보를 얻을 수 있는 곳이기도 한데, 중앙에 있는 그레이트 파빌리온Great Pavilion이 바로 그런 역할을 한다.

—
2019년 첼시 플라워 쇼 출품작인 조 톰슨(Jo Thomson)의 〈The Wedgwood Garden〉

80개 이상의 식물 재배 업체가 자신들이 정성 들여 가꾼 꽃과 식물들을 전시하고 있었다. 클레마티스나 장미처럼 평소 자주 볼 수 있는 식물도 있지만 정말 생전 처음 보는 꽃과 나무가 많았다. 특히 각양각색의 다육 식물이 인상적이었다. 세상에 이렇게 아름답고 신기한 다육 식물들이 있었다니! 입이 다물어지지 않았다. 식물들의 생육 상태가 기가 막히게 좋았다. 모두 싱싱하고 빛깔이 아름다웠다. 관람객에게 최상의 품질을

2019년 첼시 플라워 쇼 출품작인 타이나 수오니오(Taina Suonio)의 〈The Roots in Finland Kyrö Garden〉

보여 주려고 정원사들이 얼마나 각고의 노력을 기울였을지 가늠할 수 있었다.

　파빌리온 밖에는 정원용품 업체들이 제품을 홍보하는 부스가 마련되어 있었다. 정원용품이 놓인 정원이 그렇게 아름다울 수가 없었다. 박람회에 출품된 작품과 비교해도 손색이 없을 정도였다. 아니, 오히려 식물의 상태는 이쪽이 훨씬 좋아 보였다. 하기야 그래야 소비자의 구매욕을

—
정원용품 업체의 홍보용 전시장

자극할 수 있겠지.

그중 대형 철제 버드 배스bird bath가 가장 먼저 눈에 들어왔다. 새들이 날아와서 물도 마시고, 목욕도 할 수 있도록 만든 제품인데, 가장자리에 아름다운 새 모양으로 장식된 것이 인상적이었다. 물론 가격은 엄청 비쌌다. 나 같은 평민이 거의 넘볼 수 없는 수준이었다. 내가 이래서 귀족으로 태어났어야 한다니까.

헨리 8세가
사랑했던
앤 불린의 집

히버성(Hever Castle)

Hever Castle

영국 역사상 헨리 8세만큼 드라마틱한 삶을 산 사람도 없을 것이다. 그는 왕비를 밥 먹듯이 갈아 치운 것으로 유명하다. 모두 여섯 명의 왕비를 두었는데, 그중 두 번째 왕비 앤 불린과 다섯 번째 왕비 캐서린 하워드는 참수형을 당했고, 첫 번째 왕비 캐서린과 네 번째 왕비 클리브스의 앤은 이혼당했으며, 세 번째 왕비 제인 시모어는 아이를 낳은 후 바로 죽었다. 헨리 8세가 늙고 병들어 더는 여자를 탐할 수 없게 되었을 때 만난 마지막 왕비 캐서린 파만 그럭저럭 무난하게 결혼생활을 마쳤다. 아무리 무소불위의 권력을 가진 왕이라지만 이 정도면 거의 막장 드라마 수준이라고 하지 않을 수 없다. 이혼은 그렇다 쳐도 어떻게 부인을 두 명씩이나 죽일 수 있지?

하지만 이렇게 잔인한 왕에게도 순정을 바치던 시절이 있었다. 두 번째 왕비 앤 불린이 첫 번째 왕비 캐서린의 시녀로 일하던 때였다. 바람둥이 왕이 본격적으로 앤을 쫓아다니기 시작한 것은 1526년경이었다.

당시 헨리 8세는 앤이 살고 있는 히버성에서 몇 마일 떨어지지 않은 펜스허스트 플레이스Penshurst Place에 기거하고 있었다. 사람들의 눈을 피해 연애하기 딱 좋은 위치였다. 앤에게 완전히 빠진 헨리 8세는 히버성을 뻔질나게 드나들었다.

왕의 구애는 애절했지만 앤은 쉽사리 넘어가지 않았다. 그녀가 원하는 것은 왕비 자리였다. 왕의 정부는 절대로 되고 싶지 않다고 했다. 앤이 이렇게 나오니 헨리 8세는 더욱 몸이 달았다. 그렇게 히버성을 드나들며 안달복달 구애한 세월이 무려 7년이었다. 그동안 헨리 8세는 앤에게 구구절절 사랑을 고백하는 편지를 보냈다.

헨리 8세는 캐서린과 이혼하기 위해 로마 가톨릭교회와의 결별을 선언했다. 교황청의 허락을 받지 않고 캐서린과 이혼한 그는 1533년 앤 불린과 결혼했다. 그리고 그 이듬해인 1534년 영국 국교회를 세우고 자기 자신이 교회의 수장이 되었다. 부인과 이혼하고 애인과 결혼하기 위해 가톨릭을 거부하는 무리수까지 둔 것이다. 하지만 그렇게 절절한 마음의 유효 기간은 딱 3년이었다. 앤이 딸 엘리자베스를 낳은 후 계속해서 아들을 낳는 것에 실패하자 헨리 8세의 마음이 돌아서기 시작했다. 그는 주변 사람들에게 "내가 뭔가에 홀려서 앤과 결혼한 것 같아."라는 말을 하고 다녔다. 어떻게 하면 앤을 떼어 낼 수 있을지 궁리하다가 결국 그녀에게 간통, 근친상간, 반역의 죄를 저질렀다는 누명을 씌웠다. 앤은 체포된 지 2주 후, 런던 탑의 타워 그린Tower Green에서 참수형을 당했다.

앤 불린이 살았던 히버성

　1969년에 개봉한 주느비에브 뷔졸드, 리처드 버튼 주연의 〈천일의 앤Anne Of The Thousand Days〉은 앤 불린의 비극적인 삶을 그린 영화다. 이 영화는 앤 불린이 실제로 살았던 불린 가문 소유의 히버성에서 촬영되었다. 잉글랜드 남동부 켄트주에 있는 히버성은 13세기 초반에 지어진 것으로, 1462년 앤 불린의 증조부 제프리 불린이 사들인 후 불린 가문 사람들이 대를 이어 살았다. 불린 가문은 노퍽Norfolk 지방의 유서 깊은 젠트리gentry 가문으로 앤 불린의 할아버지 윌리엄 불린은 켄트주의 주 장관, 아버지 토머스 불린은 외교관이었다. 하지만 앤의 죽음과 더불어 불린 가문도 몰락의 길을 걸었다. 앤의 아버지인 토머스 불린이 죽자 히버성은 왕가의 소유가 되었고, 그 후 소유권이 여러 번 바뀌었다.

　1903년, 미국 최고의 부자 윌리엄 월도프 아스토William Waldorf Astor 경이 이 성을 사들였다. 아스토 경은 미국에서 돈을 많이 벌었음에도 불구하고 미국이라는 나라를 경멸한 사람이었다. "에잇, 이놈의 나라는 너무 천박해서 나 같은 신사가 살 만한 나라가 아니야." 이러면서 엄청나게 많은 돈을 들고 영국으로 이주했다. 그리고 히버성을 사서 5년 동안 어마어마한 돈을 들여 성을 보수했다.

오늘날의 히버성은 막대한 돈과 문화예술에 대한 안목을 바탕으로 '히버성의 르네상스'를 추구한 아스토 경의 작품이다. 실내를 장식하는 아름다운 조각의 목재 패널들은 모두 그가 주문, 제작한 것이다. 물론 새로 제작했다고 해서 아무 기준이 없었던 것은 아니다. 최대한 튜더 시대의 양식을 살리기 위해 튜더 양식에 정통한 장인들을 기용해서 그 시대의 기법으로, 그 시대의 도구를 사용해 복원했다. 그 결과 히버성은 불린 가문이 살던 때와 비교도 되지 않을 만큼 우아하고 기품 있는 모습을 갖추게 되었다.

중세의 성이 대부분 그렇듯이 히버성은 그다지 규모가 큰 성은 아니다. 하지만 작아도 갖출 것은 다 갖추었다. 성을 빙 둘러싼 해자垓子까지 있으니 말이다. 해자 위에 놓인 나무다리를 건너 안뜰로 들어가면 자잘한 창살을 지닌 창문이 보인다. 영화 〈천일의 앤〉에서 앤이 자기 집을 찾아온 헨리 8세를 호기심 가득한 눈길로 내려다보던 바로 그 창이다.

튜더 양식으로 지어진 건축물은 대개 롱 갤러리Long Gallery를 갖고 있다. 이름 그대로 복도처럼 길쭉한 모양의 방이다. 히버성의 롱 갤러리에는 헨리 8세와 앤 불린 그리고 그녀의 언니인 메리 불린의 등신대 인형이 나란히 서 있다. 뭔가 삼각관계를 암시하는 듯하다. 사실 메리는 헨리 8세와 모종의 관계를 맺은 적이 있다. 헨리 8세가 앤을 쫓아다니기 훨씬 전에 메리와 헨리 8세는 그렇고 그런 사이였다. 둘 사이에 아들까

—
앤 불린이 살았던 히버성

지 태어났다는 설도 있다. 하지만 헨리 8세는 메리가 낳은 아이를 끝내 자기 자식으로 인정하지 않았다. 그런데 언니를 건드린 것도 모자라 동생까지 건드렸다. 앤과 메리 그리고 헨리 8세 사이의 얽히고 얽힌 이야기는 〈천일의 스캔들〉이라는 영화에 다소 픽션을 가미한 형태로 담겨 있다. 이 영화의 원제는 'The Other Boleyn Girl', 즉 '불린 가문의 또 다른 여자'라는 뜻으로 그 또 다른 여자가 바로 메리 불린이다.

—
롱 갤러리에 있는 헨리 8세와 불린 자매상

이 성에서 가장 큰 공간은 중앙홀Inner hall이다. 튜더 시대의 기품을 그대로 보여 주는 이 공간은 본래는 주방이었으나 복원 작업을 통해 전혀 새로운 공간으로 변신했다. 아스토 경의 의뢰를 받은 조각가 윌리엄 실버 프리스는 이탈리아산 호두나무를 정교하게 다듬어 홀의 벽과 기둥을 장식했다. 상층부의 갤러리도 이때 설치한 것이다. 천장 장식은 엘리자베스 양식과 튜더 양식의 적절한 혼합을 보여 준다.

—
튜더 스타일로 개조된 중앙홀

    벽난로 위에는 헨리 8세가 결혼 기념으로 앤 불린에게 선물한 시계가 놓여 있다. 물론 여기 있는 것은 진품을 복제한 모조품이다. 이 시계를 선물할 때만 해도 두 사람의 사랑이 영원할 줄 알았겠지. 하지만 그 사랑은 얼마 못 가 끝나고 말았다. 영화 〈천일의 앤〉에서도 이 시계가 나온다. 헨리 8세가 앤의 참수형을 명령하는 서류에 사인하는 장면을 보면 책상에 이 시계가 놓여 있다.

벽에는 튜더 왕조를 대표하는 왕들의 초상화가 걸려 있다. 헨리 7세와 에드워드 6세 그리고 화려한 보석으로 온몸을 치장했지만 남자로서의 매력은 전혀 없는 헨리 8세의 초상화다. 벽난로 왼쪽에는 앤 불린의 초상화가, 그 옆에는 메리 불린의 초상화가 있다.

응접실The Drawing Room은 히버성에 있는 방 중에서 가장 아늑하고 사랑스러운 느낌을 주는 곳이다. 이 방은 본래 불린 가문의 식품 저장고로 쓰이던 곳이다. 이 방의 벽이 두꺼워 다른 방보다 온도가 낮아서 식품을 저장하기에 적합했기 때문이다. 이렇게 실용적으로 쓰이던 공간을 아스토 경이 우아한 거실로 바꾸었다. 벽면을 아름답게 장식하고 있는 오크 패널은 컴브리아주에 있는 시저성Sizergh Castle의 벽 장식에서 영감을 얻어 디자인한 것이다. 아스토 경은 영국 상류층 인사들을 초대해 이 방에서 함께 식사하거나 와인을 마셨다. 초대받은 유명 인사 중에는 아서 코넌 도일 경, 조지 버나드 쇼, 윈스턴 처칠 경, 엘리자베스 2세를 비롯한 영국 왕실 가족도 있다.

헨리 8세의 침실Henry 8th's Bedroom은 헨리 8세가 앤을 만나러 올 때마다 묵었을 것으로 추측되는 방이다. 이 집에서 제일 큰 침실이니까. 그렇다면 앤의 부모가 왕이 오면 이 방을 내주었단 말인가. 글쎄. 학자들은 헨리 8세가 이 방에서 묵지 않았을 가능성이 훨씬 더 크다고 말한다. 여하튼 이 방의 이름은 헨리 8세의 침실이다. 중앙에 놓인 침대에 아

영국 상류층 인사들을 맞았던 우아한 응접실

튜더 시대의 왕의 침실을 모방해서 만든 헨리 8세의 침실

름답게 조각된 짙은 색 나무 기둥과 푸른색 벨벳을 두른 캐노피가 있다. 하지만 진품은 아니다. 앤 불린이 왕비가 되어 히버성을 떠난 후인 1540년에 튜더 시대 왕의 침대를 본떠 만든 모조품이다.

하지만 이 방의 나무 천장만큼은 오리지널이다. 불린 가문이 성을 구매한 1462년에 설치되어 지금까지 옛 모습을 간직한 채 그 자리에 있다. 디자인은 아주 단순하다. 잘난 체하지 않고 투박하고 겸손하다. 아주 오래전 불린가家의 높으신 분들이 이 천장을 바라보며 잠을 청했을 것이다.

방문에는 헨리 8세가 사용하던 전용 자물쇠가 달려 있다. 늘 암살 위협에 시달리던 헨리 8세는 어디를 갈 때마다 왕실 문장이 박힌 전용 자물쇠를 가지고 다녔다고 한다.

2층에는 앤 불린의 침실Anne Boleyn's Bedroom이 있다. 생각보다 규모가 작은데, 정말 앤이 이 방을 사용했는지는 확실하지 않다. 침실에 침대는 없고, 매우 육중해 보이는 침대 헤드만 있다. 이것은 20세기 초에 아스토 경이 앤 불린이 사용하던 침대라고 생각해서 사들인 것이다. 침대에는 '앤 불린의 침대 히버 1520년Anne Boleyn's Bed from Hever 1520'이라는 글씨가 새겨져 있다.

히버성에서는 앤 불린이 소장했던 아주 개인적인 물건도 볼 수 있다. 《시간의 책Book of Hours》이라는 것이다. 13세기부터 종교 개혁이 일어나기 전까지 잉글랜드에서는 《시간의 책》이라는 기도서를 갖는 것이

'앤 불린의 침대, 히버 1520년(Anne Boleyn's Bed from Hever 1520)'이라는 글씨가 새겨진 침대 프레임

앤 불린이 소장했던 《시간의 책》에 쓰여 있는 앤의 글씨

유행이었다. 앤 불린이 소유했던 《시간의 책》을 보면 당시 왜 그런 책을 갖는 것이 유행했는지 알 수 있을 것 같다. 이건 그냥 책이 아니라 하나의 예쁜 소장품이다. 삽화가 그렇게 아름다울 수가 없다. 삽화도 그렇지만 가장자리에 그려진 다양한 패턴의 문양들은 그야말로 환상적이다. 작고 예쁜 물건을 갖고 싶어 하는 여자들의 마음을 쏙 빼앗을 만하다. 앤 불린은 《시간의 책》을 두 권 갖고 있었다. 하나는 1400년대에 브뤼헤에서 제작된 것이고, 다른 하나는 1528년경 파리에서 제작된 것이다. 브뤼헤 판에서는 앤 불린의 친필도 볼 수 있다. 최후의 심판을 그린 삽화 밑에 프랑스어로 "Le temps viendra(그 시간이 올 것이다)" "Je anne Boleyn(나, 앤 불린)"이라고 적어 놓았다.

성의 새 주인, 클리브스의 앤

세 번째 왕비 제인 시모어가 죽은 지 2년이 조금 지난 1540년 1월, 헨리 8세는 네 번째 왕비를 맞아들였다. 이번에는 나름 오래 참은 셈이다. 상대는 독일의 클레베 공작 요한 3세의 딸 안나였다. 그녀의 이름은 독일식으로는 클레베의 안나Anna von Kleve, 영국식으로는 클리브스의 앤 Anne of Cleves이라고 부른다. 헨리 8세는 앤의 실물도 보지 않고 당대 최고의 화가 한스 홀바인이 그린 그녀의 초상화만 보고 결혼을 결심했다. 그런데 결혼식에서 앤의 실물을 보고는 크게 화를 냈다고 한다. 너무 못생겼다는 것이다. 한스 홀바인이 '포샵질'을 너무 심하게 한 것일까. 지금 남아 있는 앤의 초상화를 보면 전혀 못생겼다는 생각이 들지 않는다. 조신하고 귀여운 얼굴로 외모만 놓고 본다면 오히려 앞의 세 왕비보다 훨씬 나아 보인다. 그런데 못생겼다니. 이건 헨리 8세의 취향이 남달랐다는 말로밖에는 설명이 안 된다. 실제로 당시 앤이 못생겼다고 말한 사람은 헨리 8세밖에 없었다고 한다.

헨리 8세가 자기 주제를 몰라도 한참 몰랐던 것 같다. 그 당시 유럽 왕가에서 헨리 8세는 최악의 신랑감으로 소문나 있었다. 아무리 왕이라도 자기 부인의 목을 친 사람을 어떻게 선뜻 남편으로 맞을 수 있겠는가. 자칫 목이 잘릴 수도 있는데 말이다. 헨리 8세의 입장에서는 누군가 왕비가 되겠다고 하는 것만으로도 감지덕지해야 한다. 그런데 못생겼다고 불평하다니. 게다가 당시 앤은 25세의 꽃다운 나이였고, 헨리 8세는 남성미라고는 전혀 없는 49세의 뚱뚱한 아저씨였다.

헨리 8세는 마지못해 클리브스의 앤과 결혼했지만 동침은 하지 않았다. 그리고 계속해서 이혼을 요구했다. 앤은 처음에는 이혼을 거부했지만, "이러다가 혹시 나도 목이 잘리는 거 아니야?" 이런 생각을 했는지도 모른다. 앤은 헨리 8세가 이혼 조건으로 막대한 보상을 제시하자 생각을 바꾸었다. 이혼 후에도 계속 잉글랜드에서 살 수 있으며, 리치먼드 궁을 비롯한 세 개의 성과 연금을 받는다는 조건으로 이혼에 합의했다.

이때 클리브스의 앤이 받은 성 중 하나가 바로 히버성이다. 1539년 앤 불린의 아버지가 사망한 후, 성은 왕실 재산에 귀속되었다. 헨리 8세는 클리브스의 앤에게 위자료로 이 성을 주었다. 그리하여 히버성은 같은 이름을 가진 두 왕비의 기억을 간직한 곳이 되었다.

클리브스의 앤은 처음에는 히버성에 잘 가지 않았다. 하지만 헨리 8세가 죽고, 왕실 위원회가 그녀가 받은 궁전들을 압수하자 사정이 달라졌다. 생활이 궁핍해진 앤은 히버성에서 보내는 날이 많아졌다. 하지만 히버성을 그다지 좋아하지는 않았던 듯하다. 당시 그녀가 독일에 있는 가족에게 보낸 편지를 보면 "my poor house at Hever"라는 글귀가 나온다. 그녀에게 히버성은 그저 '초라한poor' 집이었을 뿐이다.

히버성에는 클리브스의 앤이 사용하던 방이 있다. 여기에 가면 'Anne of Cleves'의 이니셜인 'A'와 'C' 자가 새겨진 아름다운 목재 패널을 볼 수 있다. 1540년경에 제작된 것으로 추정되는 이 목재 패널은 현재 단 두 개가 남아 있는데, 튜더 시대 왕실 디자인의 면모를 보여 주는 매우 귀중한 보물이다. 런던의 웨스트민스터 사원에 있는 클리브스의 앤의 무덤에 이 목재 패널과 똑같이 생긴 석조 장식물이 있다.

히버성의 동쪽에는 또 다른 건물이 있다. 아스토 경이 히버성을 수리하면서 새로 지은 튜더 양식의 부속 건물이다. 지금 이곳의 침실과 다이닝 룸은 숙소와 연회장으로 쓰이고 있다. 원하는 사람은 누구나 이용할

'Anne of Cleves'의 이니셜인 'A'와 'C' 자가 새겨진 목재 패널

수 있다. 성에서 하룻밤을 보내고 싶은 사람이나 성에서의 결혼식을 꿈
꾸는 사람들은 한번 도전해 보기를.

히버성을 구경하고 밖으로 나와 아스토 경이 성을 복원할 때 새로 만
들었다는 이탈리아식 정원을 산책했다. 정원 곳곳에 로마 시대의 조각
상과 조각품, 항아리들이 있는데, 모두 로마 시대에 만들어진 진품으로

아스토 경이 새롭게 조성한 히버성의 이탈리아식 정원

아스토 경이 이탈리아에 가서 직접 구매해 온 것이라고 한다. 정원에는 덩굴 식물들이 올라가도록 만들어 놓은 아치도 있고, 따뜻한 느낌의 노란빛 사암으로 지은 구조물도 있다. 그 길을 따라 클레마티스, 비비추, 양치식물들이 피어 있고, 덤불 속에서는 물 흐르는 소리가 들린다. 정원의 끝에는 넓은 호수가 있고, 그 호수 앞에 아름다운 계단이 있다. 계단에 앉아 앤 불린의 비극적인 삶을 생각하니 문득 헨리 8세가 미워졌다. 앤이 참수형을 당한 바로 그날, 헨리 8세는 앤의 시녀였던 제인 시모어와 약혼식을 올렸다. 그리고 11일 만에 잽싸게 결혼했다. 세상에 급하기도 하지. 내가 이 얘기를 들려주자 남편이 이렇게 말한다.

"아니, 인간의 탈을 쓰고 어떻게 그럴 수가 있지?"

"인간은 뭘. 인간도 동물의 일종이야."

내가 이렇게 대꾸하자 바로 말을 바꾼다.

"아니, 동물의 탈을 쓰고 어떻게 그럴 수가 있지?"

영국 풍경식 정원의 정수를 맛보다

스투어헤드(Stourhead)

Stourhead

런던에서 며칠을 보낸 후, 차를 빌려 본격적인 여행에 나섰다. 그런데 차를 운전하던 남편이 길가에 차를 세우고는 이것저것 작동해 본다. 아무래도 낯선 차여서 모르는 게 많은 모양이다. 인터넷에 올라와 있는 설명서를 읽으면서 계속 짜증을 낸다. 아침부터 찰지고 풍성한 육두문자의 축복을 받았더니 머리가 아프다.

이날의 목적지는 영화 〈오만과 편견〉의 촬영지 스투어헤드다. 스투어헤드는 18세기 초, 이 일대의 땅을 물려받은 은행가 헨리 호어 2세 Henry Hoare Ⅱ가 디자인한 정원으로 20세기 중반까지는 호어 가문 소유였으나 지금은 자연 및 사적 보호단체인 '내셔널 트러스트National Trust'가 관리하고 있다. 내셔널 트러스트의 회원으로 가입하면 이 협회에서 관리하는 곳은 모두 무료로 이용할 수 있다. 한두 곳이라면 모르지만, 여러 군데를 볼 계획이라면 개별적으로 티켓을 사는 것보다 연회비를 내고 회원으로 가입하는 것이 훨씬 경제적이다.

스투어헤드에 도착해서 주차장에 차를 세워 놓고 바로 티켓 창구로 갔다. 내셔널 트러스트 회원이 되고 싶다고 했더니 한 여성이 나와 옆 테이블로 안내한다.

"두 명이 함께하는 조인트 멤버로 가입하고 싶어요."

"조인트 멤버십은 한 사람에 120파운드, 그러니까 둘이 합해서 240 파운드입니다."

"어디서 얼핏 보니까 한 달짜리도 있는 것 같던데…."

"멤버십은 기본적으로 연회비고요, 한 달짜리는 없어요."

"그럼 매달 얼마씩 낸다는 말은 뭐지요?"

"그건 일 년 치를 한꺼번에 내지 않고 매달 나누어서 내도 된다는 얘기예요. 다만 그렇게 하려면 영국 은행에 본인 명의의 계좌가 있어야 해요. 그 계좌에서 매달 자동으로 빠져나가거든요."

내가 오해하고 있었다. 어디서 매달 몇 파운드씩 낸다는 말을 듣고 영국에 한 달만 있을 거니까 월 회원으로 가입하면 된다고 생각한 것이다. 이렇게 예상하고 회원 가입을 하려고 했는데, 연회비라니. 갑자기 머릿속이 복잡해졌다. 지금 연회원으로 가입해 봤자 실제로 사용하는 날은 한 달뿐이다. 일 년 이내에 영국에 다시 올 일은 거의 없으니 나머지 열한 달의 기회는 그냥 버리는 것이나 마찬가지인데, 이걸 들어 말아? 아니야, 혹시 알아? 일 년 안에 또 올 수 있을지도. 아니면 이걸 핑계 삼아 또 올 구실을 만들 수도 있잖아. 그리고 앞으로 내셔널 트러스트에 소속된 곳을 적어도 일고여덟 군데는 더 갈 예정인데, 그것만 해도 개별적으로 티켓을 사는 것보다 나을 거야. 이렇게 생각하기 시작하니 연회원으로 가입해야 할 이유가 백만 개쯤은 되는 것 같았다. 결국 240파운드를 내고 조인트 멤버십에 가입했다. 그리고 그것은 지금 생각해도 탁월한 선택이었다. 그 후 내셔널 트러스트 회원권을 정말 유용하게 사용했기 때문이다. 여행 내내 "이 정도면 본전은 뽑았다, 뽑았어!" 이러고 다녔으니까.

연회원으로 가입하니 영국에 있는 내셔널 트러스트 리스트가 담긴 두툼한 책자와 내셔널 트러스트 회원임을 증명하는 차량용 스티커를 주었다. 그 스티커를 차에 붙이면 내셔널 트러스트가 관리하는 곳에서는 따로 주차비를 내지 않아도 된다. 그런데 이거 은근히 편리하다. 주차장에 차를 세우고 요금 정산기를 찾아서 주차비를 내는 것도 여간 번거로운 일이 아니기 때문이다.

회원카드를 당장 발급해 주지는 않았다. 직원이 내가 적은 회원 가입 신청서를 가리키며 "여기에 적힌 주소로 카드가 갈 거예요."라고 했다. 여행을 끝내고 돌아가면 그때 집으로 카드가 온다는 얘기다. 그래서 막상 여행하는 동안에는 개시일이 적힌 회원 가입 신청서를 창구에 보여주고 입장하곤 했다. 그런데 그걸 배낭에 넣고 다니다가 같이 넣어 둔 버터가 녹아 흐르는 바람에 종이가 온통 기름으로 뒤범벅되고 말았다.

입장할 때마다 버터기름으로 뒤범벅된 그 종이를 내밀었는데, 어떤 사람은 "흠, 이거 버터네." 하면서 오일 종류를 맞히는 신묘한 재능을 보이기도 하더라.

헨리 호어가 디자인한 스투어헤드

스투어헤드는 부유한 은행 가문 출신의 헨리 호어 2세가 디자인한 정원이다. 스투어헤드는 '스투어강River Stour의 발원지'라는 뜻이다. 이 정원에는 7개의 크고 작은 샘이 있는데, 바로 여기서 스투어강이 시작된다. 헨리 호어는 부유한 집안의 자손으로 태어나 막대한 재산을 물려받았지만 개인적인 삶은 그다지 행복하지 못했다. 부인이 마흔 살이 되기도 전에 죽었고, 아들마저 이탈리아 여행 중 천연두에 걸려 젊은 나이에 세상을 떠났기 때문이다. 부인이 죽고 난 뒤, 그는 상심한 마음을 달래려고 이탈리아로 여행을 떠났다. 당시 유럽 부호들 사이에서는 서양 문명의 발상지를 찾아 이탈리아로 여행을 가는 이른바 '그랜드 투어'가 한창 유행하고 있었다. 헨리 호어 역시 이 행렬에 동참해 3년 동안 이탈리아의 구석구석을 여행하고 다녔다. 그때 이탈리아의 풍경을 담은 클로드 로랭, 니콜라 푸생, 가스파르 푸생의 풍경화에 큰 감명을 받아 이 그

—
풍경식 정원의 진수를 보여 주는 스투어헤드

림들을 집중적으로 수집하기 시작했다.

　그러던 중 그림 속 경치를 자신의 정원에 직접 구현하고 싶다는 생각이 들었다. 영국으로 돌아온 그는 아버지로부터 물려받은 거대한 토지에 자기만의 정원을 만들기 시작했다. 당시 영국에서는 자연 그대로의 '그림 같은' 정원을 지향하는 이른바 '풍경식 정원Picturesque Garden'이 유행하고 있었다. 이에 따라 헨리 호어는 이탈리아 여행과 풍경화 수집을 통해서 쌓은 미적 감각을 바탕으로 자신만의 풍경식 정원을 만들었다. 그것이 바로 영국의 풍경식 정원의 진수 스투어헤드다.

헨리 호어가 죽은 뒤에는 그의 손자 리처드 콜트 호어가 이곳을 물려받았다. 그는 할아버지가 디자인한 정원에 다양한 식물을 대거 들여와 이곳을 명실상부한 정원으로 만드는 데 큰 공을 세웠다. 그리고 죽을 때 가업인 은행 사업을 위해 스투어헤드를 담보로 잡는 것을 금지한다는 내용의 유서를 남겼다. 친구인 찰스 해밀턴의 풍경식 정원이 사업 실패로 다른 사람에게 넘어가는 것을 보고 스투어헤드가 같은 운명을 겪을까 걱정했기 때문이다. 호어 가문의 마지막 상속자인 헨리 호어 6세는 1946년 호어 가문이 대대로 소유해 오던 스투어헤드를 내셔널 트러스트에 기증했다. 그래서 오늘날 누구나 이 아름다운 정원을 볼 수 있게 되었다.

주변 풍경과 조화를 이루는 팔라디안 브리지

제인 오스틴 원작의 영화 〈오만과 편견〉을 보면 아주 인상적인 장면이 나온다. 주인공 엘리자베스 역을 맡은 키이라 나이틀리가 비를 맞으며 다리를 건너가는 장면이다. 정원에 들어서면 가장 먼저 이 다리가 눈에 들어온다. 호수 위에 놓여 있는 돌다리와 그 너머로 보이는 판테온 Pantheon이 정말 한 폭의 그림 같이 아름답다. 이 지점은 스투어헤드 중에서 가장 사진 찍기 좋은 장소, 그야말로 인증샷의 명소라고 할 수 있다.

이 다리는 팔라디안 브리지Palladian Bridge라고 한다. 팔라디안 양식은 고대 그리스, 로마 건축물처럼 비례, 대칭, 간결함을 강조한 양식을 말한다. 16세기 베네치아 출신의 건축가 안드레아 팔라디오가 주창한 양식으로, 18세기 전반 영국에서 큰 인기를 끌었다. 다리 모양은 어떻게 보면 놀라울 정도로 단순하다. 별다른 장식도 없는 순수한 돌다리다. 다리 상판은 가장자리보다 가운데가 살짝 올라간 형태를 띠고 있으며, 하단은 5개의 크고 작은 아치로 이루어져 있다. 그런데 다리 위에 잔디가 덮여 있는 점이 특이하다. 잔디가 깔린 다리는 정말 처음 보는데, 그 위로는 출입이 금지되어 있다.

지극히 단순한 형태의 이 다리가 아름다워 보이는 것은 주변의 풍광 때문이다. 풍경의 아름다움은 주변 모든 것이 서로 조화를 이룰 때 비로소 완성된다. 팔라디안 다리 주변의 풍경이 그렇다. 다리 밑을 흐르는 호수, 그 주변의 초원과 꽃, 나무 그리고 저 멀리 보이는 판테온이 한데 어우러져 미학적으로 완벽한 구도를 이루고 있다.

정원에 직선이나 기하학적인 구도가 아닌 자연스러운 곡선이 등장한 것은 영국의 풍경식 정원이 처음이라고 한다. 그렇게 아름다운 풍경 속으로 들어가 호숫가를 거닐었다. 키가 아주 큰 나무에 크기가 대단히 큰

팔라디안 브리지와 멀리 건너편에 보이는 판테온

꽃들이 흐드러지게 피어 있었다. 철쭉과의 나무라고 하는데, 일단 나무의 키와 꽃송이의 사이즈로 보는 사람을 압도한다. 꽃 색깔도 다양했다. 빨간색, 노란색, 꽃분홍색, 분홍색, 보라색, 흰색 등 온갖 색깔의 꽃들이 초록 바탕의 캔버스에 다채롭게 피어 있었다. 이 꽃나무들은 헨리 호어의 손자 리처드 콜트 호어가 들여온 것이다. 그는 토착 식물뿐만 아니라 열대 식물까지 대거 들여와 스투어헤드를 온갖 식물들의 낙원으로 만

—
동굴에 있는 샘물의 님프

들었다. 그래서인지 스투어헤드를 찍은 사진은 일반 정원 사진보다 색감이 훨씬 화려하다.

호수를 따라 구불구불 나 있는 산책로를 걷던 중 아주 은밀한 공간을 만났다. 호숫가에 숨겨 놓은 듯 만들어 둔 지하 동굴이다. 컴컴한 동굴 속으로 들어가니 어딘가에서 물소리가 들린다. 바로 여기가 스투어강의 발원지다. 이렇게 은밀한 곳에 물의 기원, 생명의 기원을 숨겨 두다니. 물소리를 들으며 안으로 조금 더 들어가자 갑자기 동굴이 환해진다. 위쪽에 뚫린 천장으로 빛이 들어와 안을 환하게 비추기 때문이다. 그 아래로 강의 신과 샘물의 님프가 보인다. 특히 비스듬히 누운 님프의 모습이 매혹적이다. 동굴에는 밖을 내다볼 수 있는 아치형의 창이 있다. 그 창으로 호수가 보이고 그 너머에 있는 팔라디안 다리까지 보인다. 풍경이 마치 액자 속에 담긴 그림 같다.

고대 문명에 대한 오마주, 판테온과 아폴로 신전

　동굴에서 나와 판테온이 있는 언덕으로 올라갔다. 판테온은 다른 곳보다 높은 곳에 있는데, 앞에 있는 호수를 만들 때 퍼낸 흙을 쌓아서 조성한 것이다. 다른 곳보다 지대가 높아서 판테온에서는 정원 전체를 조망할 수 있다. 호수 건너편 팔라디안 다리에서 바라다보이는 판테온은 무척 신비롭게 보였다. 판테온이라는 것이 원래 고대 그리스, 로마의 신들을 모두 모셔 놓은 곳이 아닌가. 그만큼 공간적, 시간적으로 까마득한 곳이다. 그런 판테온을 정원에 지어 놓은 까닭은 무엇일까. 판테온뿐만이 아니다. 스투어헤드에는 팔라디안 브리지, 아폴로 신전, 오벨리스크, 플로라 신전 등 옛 양식으로 지어진 건축물이 곳곳에 있다. 왜 그랬을

꽃과 다리, 아폴로 신전이 보이는 풍경

까. 시간적, 공간적으로 멀리 떨어진 옛 시대의 이야기를 전하기 위해서였을까. 정원에 이야기를 입히고 싶었던 것일까. 글쎄, 그럴지도 모른다. 하지만 나는 이 정원의 '서사'보다는 '서정'에 더 마음이 끌린다. 옛 양식의 건축물들이 자연과 어우러져 빚어내는 그 신비한 '분위기'에 매료되었다. 그렇기 때문인지 가까이서 보는 것보다 멀리서 보는 것이 훨씬 더 좋다. 호수 건너편 언덕 위에 서 있는 아폴로 신전도 그랬다.

아폴로 신전은 영화 〈오만과 편견〉에서 비를 흠뻑 맞고 온 다아시가 엘리자베스에게 사랑을 고백하는 장면을 촬영한 곳이다. 엘리자베스는 다아시가 언니의 행복을 방해한 오만한 사람이라는 편견을 가지고 있었다. 그래서 그가 청혼하자 당신 같은 오만한 사람과는 결혼할 수 없다며 그의 청혼을 거절한다. 물론 그 거절의 배경에는 자신의 계급에 대한 열등감도 어느 정도 포함되어 있다.

이렇게 청혼의 말과 거절의 말로 점철된 아폴로 신전에서의 대화가 뭐 그렇게 로맨틱할 리 없다. 그런데도 이 장면이 로맨틱해 보이는 것은 무슨 까닭일까. 그곳이 아폴로 신전이기 때문이다. 게다가 무대에는 비까지 내리고 있다. 비 내리는 아폴로 신전. 이런 설정에서는 무슨 짓을 해도 로맨틱할 수밖에 없다. 엘리자베스의 등 뒤로 뿌옇게 보이는 비 내리는 호수 풍경도 인상적이다. 그 환상을 깨고 싶지 않았다. 그래서 아폴로 신전은 그냥 멀리서 바라만 보았다.

—
호수 안에 있는 작은 섬

    호숫가 산책로를 조금 벗어나자 울창한 숲이 나타난다. 나무들이 울창한 숲속은 대개 어둡다. 그런데 스투어헤드의 숲에서는 이런 침침함을 상쇄해 주는 찬란한 빛의 향연이 곳곳에서 펼쳐진다. 가지마다 선명한 색깔의 꽃들을 엄청나게 많이 달고 있는 대형 꽃나무들이다. 그렇게 화려한 꽃나무들이 숲속에 숨겨 둔 보물처럼 갑자기 눈앞에 나타나곤한다. 이것이 다른 정원에서는 맛볼 수 없는 특별한 즐거움을 준다.

풍경식 정원의 매력은 인위적으로 만들었음에도 불구하고 원래부터 그 자리에 그렇게 있었던 것처럼 자연스럽다는 점이다. 스투어헤드도 그런 곳이다. 헨리 호어와 그 후손들이 얼마나 정성 들여 이 정원을 조성하고 가꾸었는지는 잘 알려진 사실이다. 그런데도 정원을 산책할 때는 전혀 그런 느낌이 들지 않았다. 원래 있던 것에 인간의 손길을 '살짝' 가미한 것 같은 느낌이라고나 할까. 그렇게 정말 자연 같은 스투어헤드에서 풍경식 정원의 진수를 마음껏 맛보았다.

고향의 전원을
사랑한 작가의 집

토머스 하디의 생가(Thomas Hardy's Cottage)

맥스 게이트(Max Gate)

Max Gate

Thomas Hardy's Cottage

영국의 농가들은 대개가 양을 키우는 목축업에 종사하고 있다. 그래서 그런지 어딜 가나 양이 무지하게 많다. 영국을 여행하면서 정말 양은 남부럽지 않게 많이 본 것 같다. 여기도 '양' 저기도 '양'이다. 그런데 사실 내가 양들과 만날 운명은 영국에 가기 전에 이미 예정되어 있었다. 여행을 떠나기 며칠 전, 양들이 엄청나게 많이 출연(?)하는 토머스 하디의 소설 《성난 군중으로부터 멀리Far from the madding crowd》를 읽고, 또 이것을 바탕으로 만든 영화까지 보았기 때문이다. 소설과 영화로 그렇게 많은 양을 만나고 영국행 비행기를 탔는데, 좌석에 비치된 잡지를 펼쳤더니 하디의 소설 제목을 패러디한 〈BAA from the madding crowd〉라는 글이 실려 있는 것이 아닌가. 'BAA'는 '배애애' 하는 양들의 울음소리를 묘사한 의성어라고 한다. 소설과 영화에 이어 잡지에서까지 양들을 만나다니. 이쯤 되면 양들과의 만남은 우연이 아니라 필연이라고 할 만하다.

—
영화 〈성난 군중으로부터 멀리〉의 한 장면

《성난 군중으로부터 멀리》는 혼자 농장을 운영하는 독립적인 여성 밧세바 에버딘을 가운데 두고 양치기 가브리엘과 이웃 농장주인 볼드우드, 군인 트로이 사이에 벌어지는 갈등과 사랑을 그린 소설이다. 잉글랜드 서남부의 도싯Dorset 지방을 배경으로 하는 이 소설은 그동안 여러 차례 영화화되었는데, 그중에서도 특히 2015년에 개봉된 토마스 빈터베르그 감독의 〈성난 군중으로부터 멀리〉는 도싯 지방의 독특한 자연

풍광을 마음껏 감상할 수 있게 해 준다.

소설의 원작자인 토머스 하디는 도싯 지방 출신이다. 그의 가족은 할머니를 포함해 모두 일곱 식구였는데, 하디는 그중 장남이었다. 하디의 어머니는 엄청난 독서광으로 아들 교육에 관심이 많았다. 하디는 이런 어머니로부터 문학적 소양을 물려받았다. 어려서부터 라틴어를 비롯한 여러 과목을 배우고 그리스 고전에 대한 흥미를 키웠다. 아버지는 석공이었다. 그런데 그냥 무식한 석공이 아니라 문화예술을 아는 교양 있는 석공이었다. 베이스 비올을 즐겨 연주했으며, 아들에게는 바이올린을 가르쳤다. 하디는 가족이나 마을 사람들이 함께 춤추고, 노래를 부르고, 세례를 받고, 피크닉을 가는 것을 보면서 자랐다. 그리고 이 모든 이야기를 자신의 작품에 담았다.

하디는 일찍부터 작가가 되고 싶다는 꿈을 가지고 있었지만 정작 생업은 다른 곳에서 찾았다. 아버지의 직업을 이어받기 위해 지방 건축사 제임스 힉스의 도제로 건축 기술을 배웠고, 스무 살 때는 런던으로 가서 유명한 건축가 아서 블룸필드 밑에서 5년간 공부했다. 그는 건축을 공부하면서도 문학에 대한 열정을 놓지 않았다. 그렇게 글 쓰는 일과 건축 일을 병행했다. 말하자면 그는 '집 짓는 글쟁이'였던 셈이다.

토머스 하디의 생가

토머스 하디가 살았던 집을 보기 위해 도싯 지방을 찾아간 날은 유난히 날씨가 화창했다. 차창 밖으로 영화에서 보던 전원의 아름다운 풍경이 파노라마처럼 펼쳐졌다. 차에서 내려 풀 내음을 머금은 상쾌한 공기를 마시며 숲속을 한참 걸어가니 저만치에 사진으로 익히 보았던 토머스 하디의 집이 보였다. 영국 농촌 어디에서나 볼 수 있는 소박하면서도 정겨운 집이다. 이 지역의 다른 농가와 마찬가지로 하디의 집 역시 진흙과 지푸라기를 자갈이나 모래, 부싯돌, 백묵과 섞어서 만든 벽토로 지어졌다. 지붕은 밀짚을 엮어서 얹은 것이 우리나라 초가지붕과 비슷하다.

집 안으로 들어가면 제일 먼저 보이는 곳이 거실이다. 여기서 하디의 가족들은 벽난로에 불을 피워 놓고 음식을 만들거나 차를 마시고 악기를 연주하고 손님들을 맞았다. 가족은 모두 악기를 다룰 줄 알았다. 할아버지는 첼로를 연주하고, 아버지는 베이스 비올을 연주했으며, 토머스와 동생 헨리는 바이올린을 연주했다. 하디가 지은 〈스스로를 보지 못함The Self Unseeing〉이라는 시를 읽으면 거실에서 그의 가족이 함께 보냈던 '즐거운 한때'의 풍경이 생생하게 떠오른다.

—

토머스 하디가 태어나고 어린 시절을 보낸 집

어머니는 의자에 앉아

난롯불을 들여다보며 미소 짓고

아버지는 저쪽에 서서

활을 점점 더 높이 그으며 악기를 연주했지

어린아이처럼 나는 꿈속에서 춤을 추었어

축복이 그날을 장식했고

모든 것이 빛으로 반짝였지

집에는 하디 아버지의 사무실도 있다. 그의 아버지는 본래 석공이었으나 1851년부터 두 명의 일꾼을 두고 벽돌 일을 시작했다. 사업이 잘되었는지 1871년에는 일꾼이 여덟 명으로 늘어났는데, 바로 이 방에서 석공과 벽돌 일에 관한 업무를 보았다. 책상에 앉아 계산하고, 뒤쪽에 있는 창문을 통해 일꾼들에게 임금을 주기도 했다. 이 일은 나중에 동생 헨리가 이어받아 크게 발전시켰다.

이 집에는 가족들이 주로 머물렀던 거실 못지않게 정서적으로 중요한 공간이 있다. 바로 할머니의 부엌이다. 하디의 할머니는 그냥 뒷방 늙은이가 아니었다. 정서적으로나 실질적으로 집안에서 매우 중요한 역할을 담당한 사람이었다. 대단한 이야기꾼으로 도싯 지방에 대대로 전해 내려오는 민담과 전설을 속속들이 알고 있었다. 얼마나 기억력이 좋은지 1793년 마리 앙투아네트가 처형당했을 때의 이야기를 자세하게

생가를 방문한 관람객에게 잼 바른 빵을 나누어 주고 있는 할머니

들려줄 정도였다. 하디는 이런 할머니의 옛날이야기를 들으며 미래의
위대한 이야기꾼으로서의 자질을 키웠다.

할머니는 잠잘 때를 제외하고는 주로 여기서 시간을 보냈는데, 주 업
무는 빵 굽기였다. 오븐에 덤불을 넣고 불을 피워 빵이나 케이크, 파이,
푸딩 등을 구워 냈다. 그런 할머니의 모습을 떠올리도록 생가의 한 작은
방에서는 어떤 할머니가 관람객들에게 잼 바른 빵을 나누어 주고 있었

다. 잼이 여러 종류였는데, 나는 갈릭 잼을 발라 달라고 했다. 빵이 아주 맛있었다. 다만 양이 너무 적은 것이 흠이었다.

이 집에 있는 부모의 침실은 하디가 태어난 방이기도 하다. 침대 옆에는 작은 요람이 놓여 있는데, 하디가 아기였을 때 사용하던 것이다. 이 요람과 관련해 하디의 어머니는 가슴을 쓸어내릴 만한 놀라운 기억을 가지고 있다. 어느 날 아기를 요람에 뉘어 놓고 잠깐 자리를 비웠는데, 돌아와 보니 커다란 구렁이가 자고 있는 아기의 가슴을 칭칭 감고 있더란다. 그런데도 아기는 아주 평화롭게 새근새근 잘 자고 있었다고.

부모의 방을 나와 좁은 복도를 지나면 하디의 방이 나온다. 작은 격자 창 앞에 작고 소박한 책상이 놓여 있는데, 하디는 바로 이 책상에서 자신의 초기작을 썼다. 그런데 이 방에 있는 책상은 사실 진품이 아닌 모조품이다. 진짜 책상은 도체스터에 있는 도싯 카운티 박물관에 있다고 한다.

이것으로 생가 투어가 끝났다. 하디의 집은 워낙 작아서 둘러보고 말고 할 것도 없다. 그냥 순식간에 끝이 난다. 집 밖으로 나오니 형형색색의 꽃들이 피어 있는 꽃밭이 눈길을 사로잡는다. 정원이 아니라 꽃밭이다. 꽃밭과 초가지붕의 시골집이 함께 있는 풍경이 한 폭의 그림 같다. 꽃밭 옆에는 각종 채소를 기를 수 있는 텃밭이 있고, 그 너머로 넓은 과수원이 있다. 하디가 어렸을 때 여기에서 온갖 종류의 사과나무가 자랐다고 한다.

작가의 마지막 안식처, 맥스 게이트

생가에서 나와 하디가 직접 지었다는 맥스 게이트로 향했다. 맥스 게이트는 생가와 그다지 멀지 않은 곳에 있다. 차로 10분이 채 안 걸리는 거리니까 그냥 산책 삼아 슬슬 걸어가도 된다.

하디는 소설가로 성공한 후 시골에 별장을 짓고 런던에 저택을 마련할 정도로 부유해졌다. 사교계도 드나들고, 유럽을 여행하면서 여유로운 생활도 했다. 하지만 언제부터인가 도시 생활에 싫증이 나기 시작했다. 그는 결국 도시 생활을 정리하고 고향으로 내려가기로 결심했다. 자신의 소설 제목처럼 그렇게 '귀향'을 감행한 것이다. 도체스터 근처에 땅을 사서 직접 집을 지었는데, 이것이 바로 맥스 게이트다. 자기가 살 집을 자기가 직접 지었으니 오죽 잘 지었을까. 하디는 1885년 이 집으로 이사 온 뒤 세상을 떠날 때까지 이곳을 떠나지 않았다.

맥스 게이트는 붉은 벽돌로 지어졌다. 아버지가 벽돌 사업을 했으니 집을 지을 때 아버지가 생전에 쌓아 둔 인프라를 충분히 활용했을 것이다. 현관으로 들어서자 왼편에 응접실이 나타난다. 하디는 정갈하면서 품위가 있는 이 공간에 가까운 사람들을 초대해 차와 식사를 즐기곤 했

빨간 벽돌로 지은 맥스 게이트

다. 손님 중에는 웨일스의 왕자 에드워드, 시인 예이츠, 《피터 팬》의 작가 제임스 배리, 〈아라비아의 로렌스〉로 유명한 T. E. 로렌스, 조각가 소니크로프트와 《더버빌가의 테스Tess of the d'Urbervilles》의 모델이 되었던 그의 아내 아가사 콕스 등 당대의 유명인사가 많았다.

식당의 테이블 뒤쪽에 하얀색 책장이 보인다. 하디가 직접 디자인한 책장이다. 맥스 게이트에 있는 물건들은 하디의 두 번째 아내 플로렌스의 유언에 따라 대부분 경매에 부쳐졌다. 하지만 이 책장만큼은 아직도 맥스 게이트에 남아 있다. 하디의 디자인 감각이 돋보이는 작품으로 플로렌스가 특히 감탄을 아끼지 않았다고 한다.

하디 부부는 반려동물을 좋아했다. 고양이와 개를 여러 마리 키우면서 정원에 이들을 위한 무덤을 따로 마련할 정도였다. 반려동물은 하디 부부에게 자식이나 마찬가지였다. 맥스 게이트에 온 손님들은 개나 고양이가 수시로 식탁에 오르내리거나 접시에 담긴 음식을 게걸스럽게 먹어 치우는 모습을 보아야 했다. 그중에 특히 푸른 눈의 고양이가 손님들의 눈길을 끌었다. 시인 예이츠는 이 고양이에게 완전히 넋이 나가서 이제까지 본 적이 없는 대단한 고양이라고 극찬을 아끼지 않았다. 그리고 시인으로서의 영감을 발휘해 그 고양이를 '마녀의 힘을 부여받은 동방의 마법사 같은 고양이'라고 묘사하기도 했다.

하디의 고양이와 관련해서는 다음과 같은 놀라운 이야기가 전해지고 있다. 하디가 죽은 뒤 그의 유해는 런던의 웨스트민스터 사원으로 가지만 심장은 따로 떼어 고향에 묻기로 되어 있었다. 이를 위해 의사가 그의 몸에서 심장을 꺼냈다. 그리고 그것을 티 타월에 싸서 시신 옆에 있는 비스킷 통에 넣어 두었다. 그런데 그가 잠시 자리를 비운 사이 하디가 살아생전에 무척이나 사랑했던 코비라는 고양이가 주인의 심장 일부를 먹어 버리고 말았다. 밖에서 돌아와 이 광경을 목격한 의사는 경악

—
하디 부부가 손님들을 맞았던 응접실

을 금치 못했다. 그는 그 자리에서 고양이를 죽여 남아 있는 하디의 심장과 함께 항아리 속에 넣었다. 그렇게 해서 하디의 심장과 그가 사랑한 고양이가 함께 묻히게 되었다는 얘기다. 전설처럼 내려오고 있는 이 이야기는 하디 가문의 사람들도 다 알고 있다고 한다. 그런데 정말 그런 일이 있었을까? 믿거나 말거나.

맥스 게이트의 거실은 하디가 특별히 신경 써서 설계한 곳이다. 벽난로를 장식한 채색 타일은 네덜란드로 사이클링 휴가를 갔다가 사 온 것이다. 벽난로 위의 선반에는 베네치안 스타일의 거울을 설치했다. 이 방의 창문은 빅토리안 양식의 집치고는 매우 큰 편인데, 이는 하디가 채광과 전망에 특별히 신경을 썼기 때문이다. 온종일 햇빛이 드는 그 큰 창 너머로 정원과 숲과 언덕이 보였다. 이렇게 운치 있는 방에서 하디는 매일 오후 4시에 차를 마셨다.

이 방은 작은 공연장 역할도 했다. 하디가 바이올린을 연주하면 아내는 피아노를 쳤다. 집을 찾는 방문객이나 친구, 친지들도 이 방에서 함께 음악을 즐겼다. 하디의 작품에 출연하는 배우들이 공연 계획을 짜고 연기를 연습하기도 했으며, 건강이 나빠져 공연장에 가지 못한 하디를 위해 배우들이 직접 이 방에 와서 공연하기도 했다.

소설 《더버빌가의 테스》와 《비운의 주드Jude the Obscure》가 성공을 거두면서 하디는 큰돈을 벌었다. 이렇게 번 돈으로 그는 맥스 게이트를 증축했다. 아주 큰 주방과 부엌방, 세 번째 서재와 아내를 위한 두 개의 다락방을 지었다. 세 번째 서재는 맥스 게이트에서 가장 큰 방이다. 하디는 이 방에서 시를 썼다. 우리는 하디를 소설가로 알고 있지만 사실 그는 말년에 시도 많이 썼다. 58세에 첫 시집 《웨섹스 시편Wessex Poems》을 낸 이후 시집을 몇 권 더 냈다. 입구와 다소 떨어져 있어 방해

—
하디의 세 번째 서재에 있는 책상. 격자창 너머로 정원이 보인다.

받지 않고 마음껏 시상을 가다듬을 수 있는 이 방이 시 창작에 큰 도움이 되었다.

나는 이 서재가 맥스 게이트에서 가장 매력적인 곳이라고 생각한다. 책상 앞에 나 있는 커다란 창문이 특히 마음에 든다. 새하얀 격자창 너머로 싱그러운 정원의 풍경이 한눈에 들어오는데, 저런 풍경을 마주하고 있으면 누구라도 저절로 시가 써지지 않을까. 시인의 서재로서 이보다 더 이상적인 곳이 없다는 생각이다.

1937년 하디의 두 번째 부인 플로렌스가 세상을 떠난 후 하디의 서재에 있던 물건들 즉, 필기도구, 책장, 책, 소설의 초판본, 의자, 테이블, 유명 디자이너 존 모이어 스미스John Moyr Smith가 디자인한 벽난로의 민튼Minton사 타일까지 모두 도싯 카운티 박물관으로 옮겨졌다. 따라서 현재 맥스 게이트에 있는 것은 모두 진품이 아닌 복제품이다. 그럼에도 관람객을 배려하는 섬세함이 돋보인다. 예를 들자면, 벽에 걸린 달력의 날짜를 하디가 아내를 처음 만났던 1870년 3월 7일에 맞추어 놓거나 펜의 손잡이에 하디가 그 펜을 사용해서 썼던 작품의 제목을 새겨 넣은 것 그리고 벽난로 위에 하디와 각별히 친했던 사람들의 초상화를 올려둔 것 등이다.

집을 다 둘러본 후 작은 주방에서 파는 커피를 한 잔 사 들고 햇살이 눈부시게 쏟아지는 정원으로 나왔다. 하디가 이곳에 살았을 때 이 정원

—
맥스 게이트의 정원

에서 수시로 가든파티를 열었다고 한다. 정원의 넓은 잔디밭 위에는 테이블이 몇 개 놓여 있었다. 거기에 앉아 커피를 마시며 하디가 생전에 느꼈을 도싯 지방의 따스한 햇볕과 상큼한 공기를 만끽했다.

걸어서 수억 년, 먼 과거로의 시간 여행

쥐라기 해안(Jurassic Coast)

Jurassic Coast

영국 여행 하면 대개는 오래된 교회나 왕궁, 성, 저택, 박물관, 정원, 극장 등을 돌아보는 것이 전부라고 생각한다. 나 역시 그랬다. 하지만 이번에 도싯 지방을 여행하며 깨달았다. 이제까지 내가 알던 영국이 전부가 아니라는 것을. 이 나라에는 인간의 삶과 역사를 담은 '문화'만 있는 것이 아니라 인간의 손길이 전혀 닿지 않은 날것 그대로의 '자연'도 있다는 것을. 영국의 자연과 만난 도싯 지방 여행은 나에게 충격과 경이 그 자체였다. 영국에 이렇게 멋진 곳이 있었다니!

도싯 지방의 쥐라기 해안은 여행자에게 아주 색다른 경험을 선사하는 곳이다. 그 색다른 경험이란 과거로의 시간 여행을 말한다. 그것도 가까운 시간이 아니라 아주아주 먼 시간, 수억 년 전의 과거로 거슬러 올라가는 시간 여행이다.

데번Devon주의 엑스머스Exmouth에서 도싯주의 스터드랜드 베이

Studland Bay까지 길이가 약 154킬로미터에 달하는 쥐라기 해안은 트라이아스기에서 쥐라기, 백악기를 아우르는 중생대에 형성된 온갖 종류의 신기하고 경이로운 자연현상이 산재해 있는 지질학의 보물창고 같은 곳이다. 여기에 오면 그냥 걸어서 수억 년을 관통하는 시간 여행을 할 수 있다. 운이 좋으면 산책하다가 암모나이트 화석을 주울 수 있는 해변에서부터 눈산을 연상케 하는 백악chalk 지질의 하얀 절벽, 자연의 손길이 빚어낸 온갖 형태의 기암괴석, 말발굽 모양의 곡선이 아름다운 작은 만cove, 비바람에 무너져 시뻘건 속살을 드러낸 거대한 경사면, 주름처럼 서로 뒤틀린 채 접혀 있거나 케이크처럼 시간을 켜켜이 쌓아 놓은 암석층, 동글동글 크고 작은 구슬 모양의 자갈이 깔린 해변에 이르기까지 보기만 해도 입이 딱 벌어지는 절경들이 곳곳에서 펼쳐진다. 이런 지질학적 다양성 때문에 쥐라기 해안은 현재 유네스코 세계자연유산으로 등재되어 있다.

지질학적 다양성의 보고

토머스 하디의 소설을 원작으로 한 영화 〈성난 군중으로부터 멀리〉는 쥐라기 해안 일대에서 촬영되었다. 밧세바를 두고 펼쳐진 애정 전선

—
아치 모양을 한 더들 도어

의 최후 승자는 군인 트로이다. 그는 우여곡절 끝에 밧세바와의 결혼에 성공한다. 하지만 그 후 진정으로 사랑했던 여인 패니가 자신의 아이를 낳고 죽었다는 사실을 알게 된다. 패니의 죽음과 꼬여 버린 결혼 생활에 방황하던 그는 어느 날 해변에 옷을 벗어 놓고 바다로 헤엄쳐 나간다. 이 일로 사람들은 트로이가 죽었다고 생각하게 된다.

트로이가 바다를 헤엄쳐 나가는 장면을 찍은 곳은 더들 도어Durdle Door 근처에 있는 바다라고 한다. 더들 도어의 'durdle'은 고어로 '관통하다', '구멍을 내다'라는 뜻의 'thirl'에서 왔다. 그러니까 더들 도어는 '구멍을 낸 문'이라는 뜻이다. 여기서 구멍을 낸 주체는 물론 자연과 시간이다. 더들 도어는 쥐라기 해안에서 가장 인기 있는 곳으로 해마다 20만 명이 넘는 사람들이 이곳을 찾는다.

나도 이번 여행에서는 사진과 영화를 통해서만 보았던 더들 도어를 꼭 실물로 보고 싶었다. 주차장에 차를 세우고 해안까지 15분 정도 걸어 내려가니 거대한 석회암 아치가 코끼리처럼 우뚝 솟아 있는 것이 보인다. 그 유명한 더들 도어다. 이름 그대로 문 같은 모양을 하고 있다. 밀려오는 파도의 침식 작용으로 암석의 약한 부분이 떨어져 나가고 단단한 석회암 성분만 남아 이런 기묘한 형태의 천연 아치 도어가 만들어졌다는데, 그 모양이 참으로 절묘하다. 저절로 형성된 것이라 믿기지 않을 정도다.

—
올드 해리 록스의 백악질 절벽

    더들 도어가 바라다보이는 해변에서 오른쪽으로 눈을 돌리면 스와이어 헤드Swyre Head가 보인다. 절벽의 단면이 하얀색인 것이 신기하다. 절벽을 구성하는 암석이 분필의 재료로 쓰이는 백악이기 때문인데, 영국 남쪽 해안에는 이런 절벽이 많다. 도버Dover의 화이트 클리프White Cliff가 대표적인 곳이고, 쥐라기 해안에도 같은 성분의 지질로 형성된 올드 해리 록스Old Harry Rocks가 있다. 이 절벽들은 멀리서 보면 마치 거대한

179

맨 오브 워 코브

빙하가 서 있는 것처럼 보인다. 빙하와 다른 점은 꼭대기를 초록빛의 넓은 초원이 덮고 있다는 점이다.

　더들 도어 왼쪽에는 똑같이 생긴 만이 쌍둥이처럼 붙어 있는 맨 오브 워 코브Man O'War Cove가 있다. '코브'는 말굽 모양의 작은 만bay을 말한다. 파도가 긴 시간 동안 절벽의 사암층을 뚫고 들어가면서 땅을 침식시킨 결과 초승달 모양의 완만한 해안선이 형성된 것이다. 코브는 대개 절벽을 품고 있어서 그 밑의 바다에는 짙은 그늘이 진다. 그래서 바닷물 빛깔이 다른 곳보다 깊고 푸르다. 맨 오브 워 코브의 물빛이 그렇다.

처음 이 코브를 보는 순간 나는 그만 넋을 잃고 말았다. 세상에! 어쩜 이렇게 예쁠 수가 있지? 풍경이 그냥 달력 사진 같다. 깊고 푸른 물빛도 아름답지만 무엇보다도 해변으로 밀려드는 물결의 모양이 인상적이다. 모래에 일정한 패턴의 물결무늬가 그대로 남아 있다. 바다가 바람의 손길을 빌려 해변을 아름다운 무늬로 장식하는 것일까. 코브를 오롯이 감싸고 있는 절벽에 온갖 빛깔의 야생화가 흐드러지게 피어 있는 것이 보인다. 이것은 일종의 화룡점정이다. 그렇게 꽃이 들어가야 비로소 한 편의 풍경화가 완성되는 것이다.

다음에 가 볼 곳은 룰워스 코브Lulworth Cove다. 더들 도어에서 룰워스 코브까지는 트래킹 코스가 잘 조성되어 있어 바다를 바라보며 그냥 걸어가기만 하면 된다. 영화에서 트로이가 바다로 헤엄쳐 나가는 장면은 더들 도어 근처에서 찍었지만, 토머스 하디의 원작에서 그가 뛰어든 바다는 룰워스 코브다. 룰워스 코브는 맨 오브 워 코브보다 규모가 크고, 바다에서 더 깊게 들어와 모양이 거의 동그란 원에 가깝다.

룰워스 코브는 하디에게 각별한 장소였다. 그가 존경해 마지않는 시인 존 키츠가 폐결핵을 치료하기 위해 1820년 바로 이곳 룰워스 코브에

—
룰워스 코브

서 이탈리아 로마를 향해 떠났기 때문이다. 그는 이에 영감을 받아 〈한 세기 전, 룰워스 코브에서〉라는 시를 쓰기도 했다.

쥐라기 해안의 웨스트 베이West Bay에 있는 이스트 클리프East Cliff는 하디의 소설 속 인물인 양치기 가브리엘의 오두막이 있는 곳이다. 오두막이 있는 넓은 초원의 해변 쪽 가장자리에 깎아지른 듯한 절벽이 있고,

—

웨스트 베이 근처에 있는 이스트 클리프

그 아래 바다에 넓은 해변이 펼쳐져 있다. 이곳은 바다를 바라보며 걷기
딱 좋은 곳이다. 절벽 위에 있는 넓은 초원에서 바다를 내려다보며 걸을
수도 있고, 절벽 아래 해변으로 내려가 바다와 절벽을 바라보며 걸을 수
도 있다. 파도가 몰아치는 바닷가와 달리 초원 위는 평화롭기만 하다.

　가브리엘은 유능한 양치기다. 양에 대해서는 모르는 것이 없다. 능숙
한 솜씨로 양을 다루고, 죽어 가는 양을 살려내기도 한다. 하지만 이런

그에게 어느 날 재앙이 닥친다. 그가 기르던 개가 양들을 위협하는 바람에 겁에 질린 양들이 울타리 너머 절벽으로 떨어져 버린 것이다. 절벽을 향해 미친 듯이 달려간 가브리엘은 절벽 밑에 죽어 있는 양들을 보고 울부짖는다. 그렇게 그는 빈털터리가 된다.

처음 소설을 읽었을 때는 초원에 있던 양들이 어떻게 절벽에서 떨어질 수 있나 궁금했었다. 그런데 영국에 와 보니 이해가 되었다. 영국에는 영화에 나오는 것과 비슷한 지형이 많다. 평평하고 너른 초원 끝에 낭떠러지가 있는 것이다.

이 절벽들은 각기 다른 시기에 형성된 암석층이 켜켜이 쌓인 수억 년 세월의 시각적 현현顯現이다. 그 속에 응축된 시간의 에너지만으로도 보는 이를 압도한다. 그것은 우리가 가늠할 수 있는 현세의 시간이 아니다. 인간의 시간 감각으로는 도저히 따라잡을 수 없는 먼 우주의 시간, 까마득한 영겁의 시간이다. 해 질 무렵에는 절벽들이 또 다른 장관을 연출한다. 대자연의 거대한 스크린이 석양빛을 받아 어떤 것은 오렌지빛으로, 어떤 것은 황금빛으로 찬란하게 빛난다. 보는 이에게 일종의 황홀경을 선사하는 멋진 풍경이다.

그런데 이런 절벽에 가까이 있을 때는 조심해야 한다. 쥐라기 해안은 지형이 매우 불안정해서 큰비와 바람에 절벽이 무너져 내리는 일이 종종 발생하기 때문이다. 그렇게 크고 작은 사고가 자주 일어난다. 무너져 내린 돌 속에는 화석이 많이 있다. 그래서 쥐라기 해안의 절벽이 무너졌다는 소식이 들리면 사람들이 화석을 캐러 구름처럼 몰려든다. 화석 캐기 체험과 같은 관광 상품도 있다. 하지만 게으른 사람은 굳이 화석을 캐는 수고를 하지 않아도 된다. 암모나이트 같은 흔한 화석은 근처 기념품 가게에서도 얼마든지 살 수 있기 때문이다.

화석 수집가의 천국

쥐라기 해안의 화석 하면 빼놓을 수 없는 곳이 바로 라임 레지스Lyme Regis다. 빅토리아 양식의 빌라들이 쭉 늘어서 있는 라임 레지스는 과거 영국 부유층이 즐겨 찾던 해안 휴양지였다. 여류 작가 제인 오스틴도 가족과 함께 놀러 왔다가 이곳을 배경으로 《설득Persuasion》이라는 소설을 썼다. 그런가 하면 영국의 포스트모더니즘 작가 존 파울즈 역시 라임 레지스를 배경으로 소설을 썼다. 우리에게는 메릴 스트립 주연의 영화로 더 잘 알려진 〈프랑스 중위의 여자The French Lieutenant's Woman〉다. 영화를 보면 해변으로 길게 나 있는 석조 방파제가 나온다. '코브cobb'라 불리는 이 방파제는 13세기에 만들어졌다. 뱀처럼 구부러진 독특한 모양 때문에 지금은 라임 레지스를 상징하는 관광 명소가 되었다.

〈프랑스 중위의 여자〉라는 영화를 본 사람은 메릴 스트립이 검은 망

라임 레지스의 '코브' 방파제가 나오는 영화 〈프랑스 중위의 여자〉 포스터

토를 입고 파도가 무섭게 몰아치는 방파제 위를 걸어가는 장면을 기억할 것이다. 이 장면에 나오는 방파제가 바로 '코브'다. 영화를 보면서 무척 위험한 곳이라 생각했는데, 실제로 보니 그렇게 위험해 보이지는 않았다. 다만 사진 찍기는 힘들었다. 모양이 묘하게 구부러져 있어서 어떤 각도에서 찍어도 전체가 다 앵글 안에 들어오지 않는다.

우리가 라임 레지스를 찾은 날은 날씨가 맑아서 그런지 해변에 관광

—
황혼의 라임 레지스 해변

객이 아주 많았다. 바다를 마주 보고 렌트용 오두막집Beach Hut이 쭉 늘어서 있는데 그 모습이 마치 공중변소가 쭉 늘어서 있는 것 같다. 크기나 생긴 모양이 딱 그렇다. 그런데 안의 풍경은 아주 다양하다. 그냥 간단하게 매트와 의자만 갖다 놓은 집이 있는가 하면, 그릇이며 식탁이며 찻잔이며 아예 집에 있는 주방을 통째로 옮겨 놓은 집도 있다. 비록 규모는 작지만 사용하는 사람의 성격이나 취향 심지어는 가치관까지 그대로 드러나는 세상의 축소판이라고나 할까.

해변에는 동글동글한 자갈이 깔려 있다. 라임 레지스의 해변은 예로 부터 각종 고생물 화석이 많이 나오는 곳으로 유명하다. 과거 이 지역 주민들은 여기에서 주운 화석을 관광객에게 팔아 쏠쏠한 수입을 올렸다고 한다. 그런 사람 중에 메리 애닝Mary Anning이 있었다. 매리 애닝은 이 지역 출신의 화석 채취 전문가다. 화석 채취로 생계를 유지하던 아버지가 절벽 붕괴 사고로 세상을 떠나자 열한 살 때부터 아버지를 대신해 화석 채취에 나섰다. 그녀의 화석 채취 실력은 타의 추종을 불허하는 것이었다. 10대 초반부터 어룡의 일종인 이크티오사우르스 화석을 비롯한 진귀한 해양생물 화석들을 수없이 채취했다. 화석을 좋은 값에 팔기 위해서는 가치가 높은 화석을 알아야만 했다. 그래서 독학으로 고생물학을 공부했다. 그 결과 화석에 대해서는 웬만한 고생물학자는 저리 가라 할 정도의 전문 지식을 갖게 되었다. 유명한 학자들도 그녀에게 자문을 구할 정도였다.

2020년에 개봉한 케이트 윈슬렛 주연의 〈암모나이트〉는 메리 애닝의 삶을 그린 영화다. 바닷가에서 화석을 채취하는 메리 애닝의 뒤로 라임 레지스의 해안과 절벽 풍광이 꿈처럼 펼쳐진다. 화석 채취나 지질학, 고생물학에 관심이 많은 사람은 이 영화를 보면 '죽기 전에 꼭 가야 할 여행지' 리스트에 라임 레지스를 올릴 것이다.

쥐라기 해안에 있는 암모나이트 화석

라임 레지스에 있는 메리 애닝의 집은 현재 쥐라기 해변에서 채취한 화석들을 전시하는 박물관이 되었다. 박물관에 전시된 화석은 양은 얼마 안 되지만 상태가 놀라울 정도로 훌륭했다. 수억 년 전에 살았던 생물의 화석이 거의 완벽한 형태로 보존되어 있었다.

여행기를 쓰다 보니 쥐라기 해안의 절경을 보며 느꼈던 전율이 생생하게 되살아난다. 시간에 쫓겨 쥐라기 해안을 다 보지 못한 것이 한이 된다. 그러나 언젠가는 다시 그곳을 찾을 것이다. 그때는 154킬로미터에 이르는 쥐라기 해안을 모두 돌아보고 수억 년에 이르는 과거로의 시간 여행을 멋지게 마무리하고 싶다.

향기로운 식물들을
위한 유리 온실

봄베이 사파이어 증류소
(Bombay Sapphire Distillery)

Bombay Sapphire Distillery

술꾼인 남편은 여행을 가서도 어디 안주 맛있는 거 파는 데 없나 이리저리 기웃거린다. 유럽 여행에서도 예외는 아니다. 여행할 때 남편이 가장 먹고 싶어 하는 것은 생선회다. 어디 바닷가 근처에라도 가면 "바닷가니까 분명히 자갈치시장 같은 데가 있을 거야." 이러면서 근처를 샅샅이 뒤지곤 한다. 하지만 유럽의 바닷가에는 아무리 눈 씻고 찾아봐도 자갈치시장은커녕 그 비슷한 것도 없다. 그럴 때마다 남편은 투덜거린다.

"아, 이 동네 사람들은 생선도 안 먹고 사나?"

그러던 차에 이탈리아의 한 대형 마트에서 '날것'을 발견한 적이 있다. 기껏해야 연어와 참치였지만 오랫동안 회에 굶주린 남편은 뛸 듯이 기뻐했다. 하지만 연어와 참치가 끝이 아니었다. 회를 먹으려면 반드시 와사비가 있어야 한단다. 이탈리아 마트에서 웬 와사비? 나는 대충 넘어가고 싶었지만 남편은 아니었다. 기필코, 반드시, 죽어도 와사비를 사야 한다고 고집을 부렸다. 와사비를 사기 위해 대형 마트를 이 잡듯이 뒤졌다. 그런데 상품 이름이 온통 이탈리아어로 되어 있으니 무슨 물건인지 알 수가 있나. 스마트폰에서 이탈리아 사전의 도움을 받아 일일이 이름을 확인했다. 그러나 그 어디에도 우리가 찾는 와사비는 없었다. 하는 수 없이 와사비 대용으로 겨자 소스를 샀는데, 숙소에 와서 뜯어 보니 달콤한 머스터드 소스였다.

이런 가슴 아픈 기억이 있었기에 이번 영국 여행에는 간장과 와사비를 준비해 갔다. 이번에도 역시나 남편은 가는 곳마다 스마트폰으로 어물전이 있는지 검색했다. 간장과 와사비까지 챙겨 갔는데 생선회를 안 먹을 수는 없지. 하지만 영국 어물전 어디에도 생선회는 없었다. 해산물 종류도 얼마 안 되고, 싱싱해 보이지도 않았다.

이리저리 둘러보다가 특이하게 생긴 게를 발견했다. 우리나라의 꽃게와는 다른 품종이었는데, 들어 보니 꽤 묵직했다. 게 두 마리를 8파운드 주고 샀다. 숙소에 와서 찜통에 넣고 쪄서 와사비를 곁들인 간장에 찍어 먹었다. 정말 맛있었다. 한국에서 와사비와 간장을 가져간 것이 신의 한 수였다.

영국을 여행하는 동안 매일 밤 술을 마셨다. 주종은 위스키와 와인이다. 그러나 사실 남편이 제일 좋아하는 술은 소주다. 몇 년 전 유럽 여행을 할 때 소주 40팩을 가져간 적이 있었다. 짐을 챙기며 내가 너무 많다고 했지만 남편은 "썩는 것도 아닌데 뭘." 하면서 기어이 그걸 가방에

꾸역꾸역 집어넣었다. 그런데 어찌나 무거운지 가지고 다니느라 얼마나 고생했는지 모른다. 나는 매일 밤 소주를 2팩씩 마셨다. 마시고 싶어서가 아니라 짐을 줄이기 위해서.

이런 쓰디쓴 경험이 있었던 터라 이번 여행에서는 절대로 소주를 가져가지 않겠다고 고집을 부렸다. 그래서 차선책으로 선택한 것이 위스키였다. 적은 양을 마셔도 금세 취한다는 점 때문에 남편의 간택을 받은 술이다. 공항 면세점에서 산 위스키 두 병을 생명의 샘물인 양 아껴 마셨다. 그리고 위스키가 다 떨어진 다음에는 맥주와 와인을 마셨다.

이렇게 술이라면 주종을 불문하고 다 좋아하는 남편이 별로 좋아하지 않는 술이 딱 하나 있다. 바로 진Gin이다. 내가 봄베이 사파이어 증류소 투어를 예약했다고 하자 남편의 반응은 이랬다.

"거기 혹시 진 만드는 데 아니야? 나는 진은 별론데."

근데 사실 나는 위스키든 진이든 별 상관이 없었다. 왜냐하면 내가 봄베이 사파이어 증류소를 찾는 목적은 '술'에 있는 것이 아니기 때문이다. 여기에는 건축가 토마스 헤더윅Thomas Heatherwick이 설계한 스틸 하우스Steel House라는 건물이 있다. 어디선가 본 그 멋진 건물의 사진이 건축 덕후인 나의 호기심을 자극했다. 직접 그 건물을 보고 싶어서 봄베이 사파이어 증류소를 여행 목록에 넣은 것이다.

21세기의 레오나르도 다빈치, 토마스 헤더윅

토마스 헤더윅은 독창적이고 기발한 아이디어로 '살아 있는 레오나르도 다빈치'라고 불리는 영국 출신 디자이너다. 세계 각지에 있는 그의 작품들을 보면 그야말로 입이 딱 벌어진다. 디자인이나 콘셉트가 너무나 독창적이고 환상적이어서 건물 하나하나가 다 그 도시의 랜드마크가 될 정도다. 런던에도 그의 작품이 있다. 런던 패딩턴 근처에 있는 롤링 브리지Rolling Bridge인데, 이름대로 다리가 종이처럼 돌돌 말렸다 풀렸다 하는 다리다.

런던에 도착한 첫날, 아직 여독이 풀리지 않은 상태에서 서둘러 롤링 브리지를 찾았다. 재수가 좋으면 다리가 도르르 말리는 광경을 볼 수 있을지도 몰라. 이렇게 기대하며 패딩턴역에서 내려 다리가 있는 상인의 광장Merchant's Square까지 서둘러 걸어갔다. 얼마쯤 가니 저 멀리 다리가 보였다. 말리지 않은 상태의 다리는 그저 평범했다. 이 다리가 언제 말리지? 그런데 아무리 기다려도 다리가 말릴 생각을 안 하는 것이다. 이상하다고 생각하던 차에 옆에 있는 안내문을 보게 되었다. 현재는 다리가 작동을 안 한단다. 뭐? 다리가 안 말린다고라? 그러면 롤링 브리지가 아니지. 롤링 브리지는 '말릴' 때에만 비로소 그 존재 이유가 있는 것이다. 말리지 않는 다리는 더 이상 롤링 브리지가 아니다. 그렇게 여행 첫 날 허탕을 치고 돌아왔다.

　사실 이보다 훨씬 전부터 런던에 가면 꼭 보고 싶은 헤더윅의 작품이 있었다. 바로 런던 가든 브리지London Garden Bridge다. 런던 가든 브리지는 템스강 위를 가로지르는 정원이 있는 보행자 전용 다리다. 이 프로젝트는 세계 최초의 수상 정원이라는 타이틀로 야심 차게 출발했고, 설계자로 토마스 헤더윅이 선정되었다. 그가 디자인한 런던 가든 브리지는 영화 〈반지의 제왕〉에서 엘프족의 나라로 진입할 때 건너는 몽환적인 길목을 연상시킨다는 평을 들었다. 하지만 이렇게 환상적인 그의 디자인은 끝내 실현되지 못했다. 런던시가 천문학적인 건축비와 유지비를 감당할 여력이 없다며 프로젝트 자체를 포기했기 때문이다.

　나는 프로젝트가 취소되었다는 소식을 모르고 있다가 영국 여행을 준비하면서 알게 되었다. 이로써 런던에서 토마스 헤더윅의 독창적 아이디어를 보고 싶다는 나의 오래된 꿈은 결국 불발로 끝나고 말았다. 하지만 크게 실망하지는 않았다. 봄베이 사파이어 증류소에 가면 그의 스틸 하우스를 볼 수 있기 때문이다. 설마 그 건물이 사라지지는 않았겠지? 물론이지. 이름이 '스틸steel'인데 사라질 리가.

한없이 투명에 가까운 블루

봄베이 사파이어 증류소는 잉글랜드 남부 햄프셔의 윈체스터에 있다. 옛날에 화폐 제지 공장 건물이었던 것을 증류소로 개보수한 것인데, 붉은 벽돌의 옛 건물 한가운데 토마스 헤더윅이 지은 스틸 하우스가 있다.

현재 봄베이 사파이어 증류소에는 기존의 화폐 제지 공장과 증류소의 역사를 돌아볼 수 있는 전시실과 회사에서 주최하는 글라스 디자인 공모전 수상작을 전시하는 갤러리, 증류주를 만들고 여기에 향을 입히는 증기 주입 공정이 이루어지는 증류실, 이곳에서 생산된 진으로 만든 다양한 칵테일을 즐길 수 있는 바Bar 그리고 진에 들어가는 향신료의 원료가 재배되는 온실 등이 있다. 증류소 투어는 기본 투어와 칵테일 마스터 클래스, 온실 투어, 역사 탐방 등 여러 가지가 있는데, 나는 기본 투어를 신청했다.

봄베이 사파이어는 1987년에 출시된 진 브랜드다. 술 브랜드치고는 역사가 짧은 편인데, 그럼에도 불구하고 짧은 시간 안에 세계적으로 이름을 알리는 데 성공했다. 그 비결이 무엇이었을까? 나는 술 자체의 맛보다는 봄베이 사파이어 자체의 브랜드 이미지를 만들어 내는 데 성공

—
봄베이 사파이어 술병의 변천사

했기 때문이라고 생각한다. 우선 인도의 '봄베이'와 '봄베이의 별'이라는
보랏빛이 감도는 푸른빛 '사파이어'를 결합해서 만든 브랜드 이름부터
남다르다. 이국에 대한 향수를 불러일으키는 신비한 이름이다. 푸른빛
사파이어를 연상시키는 아름다운 술병 디자인도 한몫했다. 중앙에 빅토
리아 여왕의 초상화가 그려진 라벨을 붙여 전체적으로 매우 고급스러운
느낌을 주는데, 그냥 병만 놓고 보면 술병이라기보다는 향수병 같다.

—
봄베이 사파이어 글라스 디자인 공모전 수상작을 전시하는 갤러리

투어에 참여하기에 앞서 갤러리를 둘러보았다. 유리 선반에 온갖 종류의 유리잔이 전시되어 있었다. 봄베이 사파이어가 매년 개최하는 글라스 디자인 공모전에서 수상한 작품들인데, 모두 투명하거나 푸른빛을 띠는 것이 특징이었다. 그것들을 보는 순간 무라카미 류의 소설《한없이 투명에 가까운 블루》가 생각났다. 전시장 한쪽에 있는 술병에서부터 유리 선반을 가득 메운 유리잔에 이르기까지 모두가 다 '한없이 투명

에 가까운 블루'였다. 블루는 봄베이 사파이어를 상징하는 색이다. 키네틱 플로우의 〈몽환의 숲〉이라는 노래 가사에는 '오감보다 생생한 육감의 세계로 보내 주는 푸르고 투명한 파랑새'가 나오는데, 이 푸르고 투명한 파랑새가 바로 봄베이 사파이어 진을 의미한다고 한다.

전시장을 보고 나서 증류소 투어를 시작했다. 가이드의 설명을 들으며 증류소 이곳저곳을 돌아보았다. 진이 만들어지는 과정은 대충 이렇다. 먼저 옥수수와 보리 맥아 같은 곡식을 발효시킨 후 증류하면 순도 95도 이상의 주정이 얻어진다. 가이드가 파이프에 달린 꼭지를 열고 거기서 나오는 맑은 액체를 컵에 담아 보여 주었다. 순도 95%의 알코올이다. 이걸 그냥 마시면 큰일 난다. 이 순수 알코올에 증류수를 넣어 도수를 낮추어야 한다. 여기에 여러 가지 향료를 첨가하고 이것을 다시 증류수로 희석해 알코올 도수를 40도로 낮춘 것이 진이다.

진의 맛은 2차 공정에서 투입되는 각종 향료 식물에 따라 결정된다. 어떤 향료 식물을 어떤 비율로 넣느냐에 따라 맛과 풍미가 달라진다. 봄베이 사파이어에서는 주니퍼 베리, 감초, 아몬드, 고수, 레몬 껍질, 오리스 뿌리, 안젤리카, 계피, 후추, 생강 씨 등의 향을 증기로 우려내는 방식으로 제조한다. 증기로 향을 입히기 때문에 다른 진에 비해 맛이 깔끔하고 식물 특유의 향긋한 풍미가 나는 것이 특징이다. 증류실 옆에 향료로 사용되는 식물들을 전시하는 공간이 있는데, 여기서 말린 향료 식물을

봄베이 사파이어 진에 들어가는 각종 향료 식물의 냄새를 맡아 볼 수 있는 곳

직접 만져 보고, 냄새도 맡아 보았다.

향료 식물을 재배하는 스틸 하우스

봄베이 사파이어 진을 만드는 데 사용되는 향료 식물은 증류실 옆에 있는 유리 온실에서 재배된다. 이 유리 온실이 바로 헤더윅이 설계한 스틸 하우스다. 붉은 벽돌의 증류실과 유리 온실은 서로 연결되어 있다. 유리 온실은 증류실의 창문에서 나무줄기가 밖으로 뻗어 나와 커다란 원형으로 부풀어 오른 형태를 띠고 있다. 나무줄기를 연상시키는 강철 구조가 매우 동적인 인상을 준다. 증류소에서 연기가 뿜어져 나오는 순간의 움직임과 에너지가 눈앞에서 재현되는 듯하다.

주정을 만들기 위해 곡식을 발효시키는 과정에서 상당히 많은 열이 나오는데, 스틸 하우스는 이 열이 창문을 통해 유리 온실로 들어가도록 설계되었다. 열은 온실을 덥히는 데 쓰인다. 버려지는 에너지를 유용하게 쓸 수 있도록 한 것이다. 이렇게 열을 받은 따뜻한 온실에서 봄베이 사파이어 진을 제조하는 데 필요한 각종 식물이 자라고 있다.

투어를 마치고 증류소 안에 있는 바에서 칵테일을 마셨다. 얼음과 레몬 그리고 이름 모를 식물 이파리가 들어간 칵테일이다. 칵테일이 어떤 배합으로 만들어졌는지는 모르겠지만 여하튼 상큼하고 시원하고 향긋했다. 그런데 그날 미각이 둔한 내가 즐긴 것은 술이 아니라 어쩌면 신비한 푸른빛으로 상징되는 봄베이 사파이어의 이미지였는지도 모른다. 언젠가 어떤 사람이 봄베이 사파이어는 이미지로 먹고사는 회사라고 말하는 것을 들은 적이 있다. 그런데 어디 이 회사만 그런가. 정도의 차이는 있지만 어느 회사나 다 그렇지.

증류실에서 나오는 뜨거운 공기가 스틸 하우스로 들어가 식물을 키우는 데 쓰인다.

투어에 참가한 관람객에게 제공되는 칵테일

봄베이 사파이어도 그 점을 인정하고 있다. 자기 회사의 생명은 이미지, 즉 상상력이라는 것이다. 이를 증명이라도 하듯 몇 년 전 봄베이 사파이어는 독창적인 상상력을 보여 주는 단편 영화를 발굴, 지원하는 '봄베이 사파이어 이매지네이션 시리즈Bombay Sapphire Imagination Series'를 개최했다. 이 영화제에 대해 회사의 국제 마케팅 책임자는 이렇게 말했다.

"우리 회사가 그동안 해 온 모든 활동, 예를 들어 향료로 쓰기에 적합한 이국의 식물을 발굴하고, 그 향기를 우려내는 방식을 창안하고, 회사의 이미지를 대표할 푸른색 병을 만드는 데에는 모두 상상력이 동원되었습니다. 우리는 상상력이 더 나은 세상을 만들 것이라고 믿습니다."

말하자면 상상력이 우리를 구원할 거야. 뭐 그런 얘기다.

참가자의 상상력을 시험하는 영화제인 만큼 진행 방식도 독특하다. 참가자 모두가 대본 작가 제프리 플레처Geoffrey Fletcher가 쓴 대본을 바탕으로 영화를 만들어야 한다는 것이다. 주제나 내용은 무엇이라도 상관없지만 대본만큼은 주어진 것을 따라야 한다. 이렇게 해서 가장 상상력이 뛰어나다고 생각되는 다섯 편의 영화가 선정되었다. 유튜브에서 이 다섯 편의 영화를 보았는데, 같은 대본으로 이렇게 다양한 영화를 만들 수 있다는 사실이 흥미로웠다.

술을 만드는 회사가 자사가 후원하는 영화제의 소재로 '술'을 내세우지 않는 태도가 신선한 충격으로 다가온다. 창의적인 아이디어는 후원하지만 그것을 마케팅 도구로 이용하지는 않겠다는 뜻이겠지. 역시 상상력을 존중하는 회사는 뭐가 달라도 다르구나.

제인 오스틴의
빨간 벽돌집

제인 오스틴 하우스 박물관
(Jane Austen's House Museum)

Jane Austen's House Museum

제인 오스틴의 소설은 제목만 들어도 대충 내용이 짐작되는 것이 많다. 《오만과 편견》은 '오만한 줄 알았는데, 알고 보니 편견이었다'라는 말로 요약되고, 《이성과 감성》은 '이성적인 인물과 감성적인 인물의 콘트라스트'라는 말로 요약된다. 등장인물의 성격도 비교적 단순하다. 《폭풍의 언덕》의 히스클리프처럼 복합적인 성격의 인물은 제인 오스틴의 소설에는 거의 나오지 않는다. 대개는 여자가 주인공인데, 하나같이 문화적 교양 수준이 높고, 당대의 다른 여성에 비해 자의식이 강하며, 속물근성을 은근히 혐오하고, 남자를 보는 눈이 비교적 순수하며, 적당히 낭만적이다. 신분과 재산보다는 인간성을 보고 남자를 고르는데, 나중에 보면 그렇게 고른 남자가 인간성도 좋은 데다가 부자이기까지 하다. 그러니 당연히 해피엔딩이지. 여성 취향 영화에 이보다 더 좋은 소재가 있을까. 그래서인지 제인 오스틴의 소설은 영화와 드라마 제작자들의 각별한 사랑을 받아 왔다. 거의 모든 작품이, 그것도 한 번이 아니라 여러 번 영화와 드라마로 만들어졌는데, 〈엠마〉라는 제목의 영화와 드라마만 해도 10편이 넘는다.

제인 오스틴의 소설에 대해 문학적 평가를 내리는 것은 내 능력 밖의 일이니 하지 않겠다. 남성 작가의 작품에 비해 인간의 다면성에 대한 통찰이나 사회적 관계에 대한 이해, 역사의식이 부족하다고 평가하는 사람도 있을 것이다. 그러나 나는 모든 것이 남성 중심으로 돌아가던 시대에 남성에게 기대지 않고, 하나의 자의식을 가진 인간으로 살아남으려 고군분투했던 그녀에게 경의를 표하고 싶다. 제인 오스틴은 《이성과 감성》, 《오만과 편견》 등 지금은 대표작으로 알려져 있는 작품들을 모두 익명으로 발표할 수밖에 없었던 시대를 살았다. 그런 한계에도 불구하고 그녀는 죽는 날까지 쓰는 것을 멈추지 않았다. 지금 기준으로 보면 별것 아닌 것 같지만 당시로서는 결코 쉽지 않은 일이었을 것이다.

《오만과 편견》을 비롯한 제인 오스틴의 소설 속 여자들은 가문이 좋고 재산도 많은 남자와 결혼하기 위해, 요즘 식으로 말하자면 이른바 '취집'을 하기 위해 죽기 살기로 애를 쓴다. 이렇게 여자들이 결혼에 목매는 이유는 변변치 않은 집안 출신 여자들이 생존할 수 있는 유일한 방법이 부유한 남자와 결혼하는 것이었기 때문이다. 당시 영국에서 여자들은 집이나 땅, 돈 등 일체의 재산을 상속받을 수 없었다. 가장이 죽으면 재산은 대부분 장남에게 상속되었고, 아들이 없는 경우에는 가장 가까운 남자 친척에게 상속되었다. 지금 생각하면 참 불합리한 일이지만 당시에는 그랬다.

이런 현실은 《오만과 편견》에도 자세히 나와 있다. 엘리자베스의 집안은 재산이 별로 없었다. 아들은 없고 딸만 줄줄이 다섯인데, 결혼한다 해도 지참금을 넉넉히 챙겨 줄 형편이 못 되었다. 아버지가 사망한 후에는 베넷가의 재산이 모두 가까운 남자 친척인 콜린스에게 넘어가게 되어 있었다. 아버지가 죽으면 딸들은 물론이고 어머니까지 완전히 빈털터리가 되는 상황에 놓이는 것이다. 그러니 결혼에 목맬 수밖에. 이렇게 당시 여자들에게 '있는 집 남자와의 결혼'은 생존의 유일한 수단이었다.

바로 이런 시대에 제인 오스틴은 독신으로 살았다. 물론 로맨스가 없었던 것은 아니다. 스무 살 때 톰 르프로이라는 변호사와 거의 결혼 직전까지 갔다가 끝난 적이 있고, 스물일곱 살 때는 꽤 집안이 좋은 해리스 비그위더라는 남자의 청혼을 수락했다가 하루 만에 번복하기도 했다. 이런 제인 오스틴의 연애사는 2007년에 개봉한 앤 해서웨이 주연의 영화 〈비커밍 제인Becoming Jane〉에 픽션을 약간 가미한 형태로 자세히 나와 있다.

제인 오스틴의 아버지는 옥스퍼드대학을 졸업한 인텔리 목사였지만 8남매나 되는 아이들을 먹이고 입히느라 늘 살림이 빠듯했다. 그래서 목사일 외에 남의 아이들을 가르치는 부업까지 해야 했다. 찢어지게 가

제인 오스틴의 삶을 담은 영화 〈비커밍 제인〉의 한 장면

난하지는 않았지만 풍족할 정도는 아니었다. 그래도 집안 분위기는 명랑했다고 한다. 모두 책을 많이 읽어 교양이 풍부했으며, 아버지 역시 자녀 교육에 적극적이었다. 제인과 그녀의 언니 카산드라를 멀리 레딩의 기숙학교에 보내 교육받게 한 것만 보아도 알 수 있다. 제인은 10대 소녀 때부터 소설을 썼고, 아버지는 이런 딸의 재능을 인정하고 밀어주었다. 그렇게 제인은 매우 지적인 환경에서 경제적으로는 넉넉하지 않

앉아도 정신적으로는 매우 풍요로운 삶을 살았다.

이런 제인의 삶에 급격한 변화를 가져온 것은 아버지의 죽음이었다. 가장이 세상을 떠나면서 제인과 그녀의 언니 카산드라 그리고 어머니는 졸지에 갈 곳 없는 신세가 되고 말았다. 제인은 소설을 출판해 돈을 벌어 보려고 백방으로 노력했으나 뜻을 이루지 못했다. 그래서 친척 집을 전전하며 집안일을 돕거나 출산 도우미를 하며 간신히 생계를 이어 갔다. 당시 결혼 안 한 독신 여성의 삶은 대개 이와 비슷했다.

아버지의 죽음 이후 불안정한 생활을 하던 오스틴가 여자들에게 오빠 에드워드가 도움의 손길을 주었다. 에드워드는 오스틴가의 8남매 중 셋째였는데, 열다섯 살 때 토머스 나이트라는 돈 많은 친척의 양자로 입양되었다. 부유했으나 자식이 없었던 토머스 나이트는 일찍이 오스틴가 아이들에게 관심을 보였는데, 그중 에드워드가 가장 마음에 들었던 모양이다. 그렇게 간택을 받아 돈 많은 집의 양자로 들어간 에드워드는 아주 호강을 누리고 살았다. 열여덟 살 때 양아버지가 이탈리아로 그랜드 투어까지 보내 줄 정도였으니 친형제자매와는 그야말로 급이 다른 생활을 한 셈이다.

에드워드는 양아버지로부터 세 군데의 영지를 상속받았다. 그중에 쵸튼Chawton 영지가 있었는데, 제인과 카산드라와 어머니의 사정을 딱하게 여긴 에드워드는 이들이 쵸튼 영지에 있는 집에서 죽을 때까지 살

수 있도록 해 주었다. 오늘날 제인 오스틴 하우스 박물관이 된 바로 그 집이다. 에드워드의 배려로 오스틴가 여자들은 죽을 때까지 적어도 집 걱정은 안 하고 살았다.

그렇게 생활의 안정을 찾은 제인 오스틴은 이 집에 사는 8년 동안 《오만과 편견》을 비롯한 자신의 대표작 대부분을 썼다. 그러다가 1817년 42세의 나이로 세상을 떠났다. 1827년에는 제인의 어머니가, 1845년에는 언니 카산드라가 차례로 세상을 떠났다. 카산드라가 죽은 뒤에 집의 구조가 바뀌었으나 박물관이 되면서 제인 오스틴이 살던 때와 비슷한 형태로 복원되었다.

정적이 깃든 제인 오스틴의 집

제인 오스틴의 집이 있는 햄프셔주의 쵸튼은 아주 작은 마을이다. 세상 사람들과 떨어져 조용히 작품 활동을 하기에 딱 좋은 곳이다. 박물관을 찾은 날은 비가 오고 바람이 불어 추웠지만 그녀가 살았던 빨간 벽돌집은 나름 정겨운 느낌을 주었다. 작은 정원도 있었는데, 날씨가 좋을 때 나가서 따끈한 차 한잔을 마시기에 적당한 곳이었다.

제인 오스틴의 집에서 내가 만난 것은 '정적'의 향기였다. 번잡한 도

챠튼에 있는 제인 오스틴 하우스 박물관

시에서 멀리 떨어진 외딴 시골 마을의 작은 집. 그 집에서 제인 오스틴은 '조용하게' 살았다. 오스틴 가족은 아버지가 사망하기 전까지 바스Bath에서 살았다. 대가족이 함께 살았으니 집이 조용하지는 않았을 것이다. 하지만 아버지가 죽은 뒤 여자들만 따로 챠튼에 와서 살면서 삶이 훨씬 단출해졌다. 오스틴 자매는 이 지역 젠트리 계급 사람들과 어울리지 않았고, 가족들이 방문했을 때를 제외하고는 오락이나 여흥도 즐기지 않았다. 당시 오스틴 자매의 삶을 지켜본 조카 안나는 그녀들이 아주 '조용하게' 살았다고 회상했다. 스스로 집안일을 했으며, 가난한 사람들과 함께 일하거나 어린아이들에게 읽고 쓰는 법을 가르치며 생계를 유지했다.

박물관에 들어서면 제일 먼저 보이는 방이 응접실이다. 오스틴가 여자들이 손님을 맞거나 수를 놓거나 피아노를 치거나 큰 소리로 책을 읽는 등 일종의 공적인 놀이방으로 사용했던 곳이다. 건반이 다섯 옥타브밖에 되지 않는 작은 피아노가 눈에 띈다. 제인 오스틴은 음악을 좋아해서 아침 먹기 전에 언제나 여기서 피아노를 쳤다고 한다.

피아노 옆에는 간결하지만 우아한 디자인의 마호가니 책장이 있다. 하부는 서랍장, 상부는 책장, 중간은 뚜껑을 여닫을 수 있는 책상 형태의 이 가구는 제인 오스틴의 아버지가 사용하던 것이다. 아버지가 죽은 후 그가 쓰던 가구 대부분은 팔고, 이 책장만 쵸튼의 집으로 가져왔다. 길가와 접한 벽에는 원래 창문이 있었으나 에드워드가 자매들의 프라이버시를 지켜 주려고 창을 벽으로 막아 버렸다. 대신 다른 쪽에 우아한 조지아 양식의 창문을 만들었다.

전체적으로 노란빛을 띠는 벽지가 방 분위기를 더욱 아늑하게 한다. 쵸튼 지방에서 자라는 넝쿨 식물의 문양이 그려진 이 벽지는 고벽지 전문가가 창문 근처에 아주 조금 남아 있던 벽지 조각을 참조해서 복원한 것이다. 응접실의 벽지뿐만 아니라 식당과 가족실의 벽지도 이런 과정

제인 오스틴이 쳤던 피아노(왼쪽)와 제인의 아버지가 사용했던 마호가니 책장(오른쪽)

을 거쳐 복원되었다. 식당의 벽지는 초록색 나뭇잎 무늬이고, 가족실의 벽지는 격자무늬다. 이 중에서 식당의 벽지는 아주 최근에 복원된 것이다. 식당 벽에 붙어 있는 찬장을 뜯어낸 곳에 옛날 벽지가 붙어 있었는데, 군데군데 때가 묻기는 했지만 상태가 아주 양호했다고 한다. 벽지 뒷면에는 세금 징수 도장이 찍혀 있었다. 18세기 말에서 19세기 초에, 말하자면 제인 오스틴이 이 집에서 살던 시기에 영국에서는 벽지에 상당히 무거운 세금을 부과했다. 따라서 벽지 뒷면의 세금 징수 도장은 이 벽지가 제인 오스틴이 이 집에서 살던 당시의 것이라는 사실을 증명해 준다.

응접실 옆에 있는 식당에는 벽난로 옆, 괘종시계 앞에 월넛 테이블이 놓여 있는데, 제인 오스틴이 앉아서 글을 쓰던 테이블이다. 제인 오스틴은 이 집에 살 때도 엄청나게 많은 책을 읽었다. 독서는 그녀가 세상과 소통하는 유일한 창구였고, 창작의 원천이었다. 그것을 자양분 삼아 그녀는 이 작고 초라한 테이블에서 자신의 상상력을 무한대로 확장했다. 하지만 글을 쓰다가 누가 문을 열고 들어오는 소리가 나면 재빨리 원고를 감추었다고 한다.

제인 오스틴은 이 공간에서 가장 많은 시간을 보냈다. 언니가 집안일을 하는 동안 제인은 아침 식사를 준비했다. 그리고 식사가 끝난 후에는 차를 준비했다. 그런데 사용하던 그릇이나 찻잔이 상당히 고가였던 모양이다. 차를 다 마시고 나면 사용한 그릇을 모두 찬장에 넣고 열쇠로

식당의 괘종시계 앞에 있는 작은 테이블은 제인 오스틴이 글을 쓸 때 사용했던 것이다. 식탁 위에는 웨지우드 식기가 놓여 있다.

제인의 오빠 에드워드의 소유였던
웨지우드 식기

잠갔다고 하니 말이다.

벽난로 앞에는 나무 식탁이 있었다. 식탁 위에 놓인 웨지우드 식기가 눈에 띈다. 경제적으로 넉넉하지 않았던 오스틴 자매가 어떻게 이렇게 값비싼 웨지우드 제품을 쓸 수 있었을까? 알고 보니 이 그릇들은 부자 오빠 에드워드의 것이었다. 1813년 에드워드와 함께 런던을 방문한 제인이 언니에게 보낸 편지를 보면 에드워드와 디너 세트를 사기 위해 웨지우드 매장에 갔던 이야기가 나온다. 편지에서 제인은 디너 세트에 대해 "금 테두리 안에 보라색 마름모꼴 무늬가 있고, 나이트 가문의 문장이 새겨져 있다."라고 썼다. 그릇에 대한 묘사가 식탁 위에 있는 웨지우드 그릇과 일치한다.

위층으로 올라가면 제인 오스틴의 방이 나온다. 그녀가 언니 카산드라와 함께 사용했던 방이다. 둘은 어려서부터 세상을 떠날 때까지 거의 한 몸처럼 붙어 다니던 친밀한 사이였다. 텐트처럼 생긴 캐노피가 있는 침대가 있는데, 두 사람이 사용하기엔 너무 작다는 생각이 들었다. 알고 보니 자매가 실제로 사용한 침대가 아니라 제인이 어렸을 때 살았던 집에서 사용했던 침대를 복제한 것이라고 한다.

그 옆의 드레스 룸에는 제인과 카산드라 그리고 어머니가 만든 조각보와 제인이 끼던 반지가 전시되어 있었다. 파란색 반지의 사연이 궁금했다. 제인이 직접 산 것일까 아니면 누군가에게 선물로 받은 것일까.

—
경매에 나온 제인 오스틴의 반지

그리고 저건 진짜 터키석일까 아니면 가짜일까. 제인이 세상을 떠난 뒤
이 반지는 카산드라에게 넘어갔다. 그리고 그 후로 약 200년 동안 오스
틴 가문이 가지고 있었다.

　그런데 어찌 된 일인지 지난 2012년, 이 반지가 런던의 경매시장에
나왔다. 제인 오스틴의 팬이었던 미국 가수 켈리 클락슨이 3만 파운드
에 이 반지를 낙찰받았다. 하지만 클락슨은 반지를 가지고 나갈 수 없었

다. 영국에는 제인 오스틴의 반지처럼 이른바 '국보급'에 해당하는 물건은 국외로 가지고 나가면 안 된다는 법이 있기 때문이다.

곧 반지를 되찾기 위한 기금 모금이 시작되었다. 동시에 클락슨에게는 반지를 되팔라는 압력이 가해졌다. 기금 모금 캠페인은 성공적으로 마무리되었다. 구매에 필요한 15만 파운드를 넘는 기금이 마련되었는데, 그중에는 익명으로 무려 10만 파운드를 기부한 사람도 있었다. 클락슨은 반지를 되파는 데 동의했다. 속마음은 어떨지 모르지만 여하튼 그녀는 겉으로는 '기꺼이' 동의한다는 제스처를 취했다. 하기야 무려 5배나 비싼 값에 팔았으니 동의할 만도 하지.

박물관에 전시된 제인 오스틴의 반지는 초라하기 이를 데 없다. 이런 반지가 무려 15만 파운드라니. 제인 오스틴의 것이 아니라면 있을 수 없는 일이겠지. 반지가 주인 대신 호강을 누리고 있구나.

제인 오스틴 하우스에서 무언가 대단한 볼거리를 기대한 사람은 이곳을 보고 아마 십중팔구 실망할 것이다. 제인 오스틴과 관련된 몇 개의 사적인 물건을 제외하고는 정말 볼 것이 없기 때문이다. 유명 작가의 집이라지만 사실 집이 다 거기서 거기지 뭐 특별히 볼 것이 있는 것은 아니다. 그런데도 우리가 굳이 작가의 집을 찾는 이유는 무엇일까? 그곳에 깃든 작가의 영혼과 만나고, 그 문학적 향기를 느끼기 위해서가 아닐까.

오페라도 보고,
피크닉도 즐기고

글라인드본 페스티벌
(Glyndebourne Festival)

Glyndebourne Festival

여행할 때 나는 주로 에어비앤비를 이용한다. 에어비앤비 중에서도 독립된 공간에서 묵을 수 있는 독채를 선호한다. 체크인할 때 집주인을 만나 열쇠를 받는 경우도 있고, 집주인이 메시지로 알려 준 비밀번호를 치고 들어가는 경우도 있다. 시골에서는 전자의 경우가, 도시에서는 후자의 경우가 많다.

그런데 도시에 있는 에어비앤비와 시골에 있는 에어비앤비는 묘한 차이가 있다. 에어비앤비의 정책은 원칙적으로 자기가 살고 있는 집을 빌려주는 것이지만 도시에서는 여러 채를 가지고 상업적으로 운영하는 사람도 많다. 그래서 그런지 시골에 있는 숙소에 비해 좁고, 무엇보다 조리기구 같은 것들이 잘 갖추어져 있지 않은 경우가 많다. 호스트는 대개 남자인데, 집안일을 잘 모르는 남자가 상업적으로 운영하다 보니 이런 불상사가 발생하는 것이다.

예를 들어 계란 프라이를 하는데 계란을 뒤집을 기구가 없다거나 채소를 씻어서 받쳐 놓을 채반이 없다거나 세탁기는 있는데 세탁 세제가 없다거나 심지어 욕실에 수건이나 샴푸가 없다거나 하는 식이다. "세탁 세제 없어요?" 하고 물으면 "우린 그런 거 제공 안 하는데요."라는 대답이 돌아오곤 한다. 그래서 이럴 경우를 대비해 미리 일회용 세제를 몇 개 챙겨 간다.

반면 시골에 있는 에어비앤비는 주인이 살고 있거나 집에 있는 여분의 공간을 숙소로 내주는 경우가 많다. 호스트는 대부분 그 집에 살고 있는 주부다. 이들은 '살림하는 여자'의 마음으로 게스트를 맞는다. 주방에는 각종 조리기구가 다 갖추어져 있고, 요리에 필요한 기본적인 소스나 양념도 있다. 냉장고에는 주스, 우유, 버터, 치즈, 토마토케첩, 마요네즈, 잼, 요구르트 등이 기본으로 들어 있고, 아침 식사로 빵과 삶은 계란, 식빵, 과일, 각종 차와 커피가 마련되어 있다. 그래서 나는 시골에 있는 에어비앤비를 선호한다.

에어비앤비는 정해진 가격이 있는 것이 아니라 주인 마음대로 요금을 정하기 때문에 운이 좋으면 정말 싼값에 말도 안 되게 좋은 집에서 묵을 수도 있다. 우리가 윈체스터에서 묵은 집이 그랬다. 주인이 집을 '목가적인 은신처Idyllic hideaway'라고 했는데, 직접 가 보니 정말 그 말이 딱 맞았다. 과수원을 하는 주인은 큰 집에 살고 있었고, 거기서 조금 떨어진 곳에 우리가 묵을 독립된 숙소가 있었다. 작지만 갖출 것은 다 갖

—
윈체스터에서 묵은 에어비앤비 숙소

춘 집인데, 전체적으로 매우 정갈한 느낌을 주었다. 깔끔하게 세탁된 침대보 위에 눈처럼 새하얀 수건이 놓여 있는 것이 마치 호텔에 온 기분이었다. 주방과 욕실 창 앞에 꽃병과 난 화분을 놓아두는 등 집을 꾸민 주인의 센스가 돋보였다.

이 집에는 심지어 작은 정원도 있었다. 꾸민 듯 꾸미지 않은, 작지만 아름다운 정원이었다. 침실 창문을 통해서도 정원이 보이는데, 침대에 누워서 정원을 바라보는 기분이 남달랐다. 주방 테이블 위에는 주인이 아침 식사로 준비해 둔 빵과 과일이 있었다. 하지만 다음 날 아침, 우리는 다른 메뉴를 선택하기로 했다. 우리가 심사숙고 끝에 선택한 메뉴는 라면. 라면을 끓여 정원에 있는 테이블에서 먹었다. 그런 다음 따스한 햇볕을 받으며 후식으로 과일을 먹고 차를 마셨다. 메뉴로 선택한 라면이 좀 신경 쓰이기는 하지만 이쯤이면 대충 목가적인 식사가 아니었나 싶다.

좋은 추억을 안겨 준 숙소와 작별하려니 아쉬운 마음이 들었다. 그러나 갈 길이 멀다. 서둘러 길을 떠나야 한다. 그런데 짐을 챙겨 나오는 순간 테이블에 있는 빵이 생각났다. 아차. 먹을 걸 챙겨야지. 서둘러 다시 안으로 들어가 주인이 갖다 놓은 주스와 우유, 잼, 요구르트, 빵, 과일, 삶은 계란을 순식간에 싹쓸이하는 신공을 발휘했다. 휴. 하마터면 큰일 날 뻔했네.

이날 저녁에는 글라인드본 페스티벌에서 오페라를 볼 예정이었다. 그래서 오페라 극장과 가까운 이스트서식스주 루이스Lewes에 미리 숙소를 잡아 두었다. 공연작은 베를리오즈의 〈파우스트의 겁벌〉. 내가 아주 좋아하는 작품인데 마침 글라인드본 페스티벌에서 한다기에 묻지도 따지지도 않고 서둘러 티켓을 샀다. 그것도 극장에서 제일 좋은 자리로. 티켓값은 뭐 엄청 비싸다. 비싸지만 '일생에 한 번'이라는 각오로 과감히 질렀다.

오페라를 보기로 하긴 했는데 남편이 걱정이었다. 남편은 클래식에 문외한이다. 그러니 오페라가 지루할 수도 있다. 유명한 오페라도 아닌데 혹시 졸면 어떡하지? 그래서 일대일 과외를 하기로 했다. 루이스로 가는 차 안에서 노트북에 저장해 둔 〈파우스트의 겁벌〉 동영상을 틀어 놓고 강의를 한 것이다.

"근데 여기서 파우스트의 애인 마르가리테가 로망스를 불러. 아주 애절하게 아름다운 곡인데, 특히 잉글리쉬 혼이 연주하는 전주가 끝내줘. 봐. 잉글리쉬 혼 소리 들리지?"

이런 식으로 말이다.

오페라로 특화된 글라인드본 페스티벌

글라인드본 페스티벌은 다른 음악 페스티벌에 비해 규모가 작은 편이다. 공연하는 작품 수도 대여섯 편에 불과하다. 그런데도 이 페스티벌이 인기가 있는 것은 번잡한 도시를 떠나 조용한 시골 마을의 정취를 즐기며 공연을 볼 수 있기 때문이다. 중간 휴식 시간이 아주 긴데, 이때 저녁 식사를 하거나 주변의 정원을 산책할 수 있다.

글라인드본 페스티벌의 관객은 대부분 런던에서 오는 사람들이다. 그래서 공연을 비교적 이른 시간인 오후 5시에 시작한다. 이들이 공연을 보고 다시 런던으로 돌아갈 시간을 감안한 것이다. 우리는 오페라 극장에 차를 타고 갔지만 대중교통을 이용해서 갈 수도 있다. 런던에 루이스행 기차가 있는데, 이것을 타고 역에 내리면 페스티벌 측이 준비한 셔틀버스가 공연장까지 실어다 준다. 글라인드본 페스티벌 홈페이지에 들어가면 온라인 티켓팅은 물론 페스티벌 장소를 오가는 교통편과 드레스 코드, 저녁 식사를 해결하는 방법까지 자세히 나와 있다.

루이스 숙소에 도착해 짐을 풀고 오페라 공연에 어울리는 옷으로 갈아입었다. 그 어울리는 옷이라는 게 그냥 원피스다. 외국 영화를 보면 여자들이 예쁜 드레스를 입고 오페라 극장의 로열석에 앉아 공연을 보는 장면이 자주 나온다. 나도 한 번쯤은 그렇게 해 보고 싶다는 생각을 한 적이 있다. 그런데 이건 사실 세상 모든 여자들의 로망이다. 하지만 한국에 사는 나 같은 평민이 이런 로망을 실현할 가능성은 거의 없다.

예전에 한 친구가 미국 여행을 갔다가 아울렛 매장에서 값싸고 예쁜 이브닝드레스를 샀다고 한다. 워낙 예뻐서 사 두긴 했는데 막상 입을 일이 없어서 속상하다는 얘기를 들은 적이 있다. 파티 문화가 일상화되어 있는 외국과 달리 사실 한국에서는 드레스 입을 일이 거의 없다. 하지만 그럼에도 불구하고 예쁜 드레스를 충동적으로 구매한 친구의 마음을 나는 충분히 이해한다. 여자라면 누구나 조금씩은 그런 로망을 가지고 있으니까. 글라인드본 페스티벌에서 그런 로망을 실현해 볼 수도 있었다. 하지만 여행 중에 드레스라니. 귀찮다.

숙소에서 나와 서둘러 오페라 극장으로 향했다. 외진 시골길을 달리자 금세 눈앞에 익숙한 풍경이 펼쳐졌다. 양들이 평화롭게 풀을 뜯고 있는 바로 그 풍경. 내가 얘기했을 것이다. 영국을 여행하며 양은 정말 남부럽지 않게 보았다고.

차 타고 가는 길이 아주 한산했다. 지금은 이렇지만 극장에 가까워지면 공연을 보러 온 사람들로 길이 붐빌 거라고 생각했는데 웬걸? 극장 앞이 아주 한산했다. 왜 차가 없지? 우리가 잘못 찾아왔나? 갑자기 불안해지기 시작했다.

도착하고서야 알게 되었다. 사람들이 미리 와 있던 것이다. 정원에는 많은 사람이 피크닉을 즐기고 있었다. 정원 개방 시간은 오후 3시부터다. 공연은 5시에 시작하고, 중간에 무려 90분에 달하는 디너 인터미션이 있다. 정원은 오페라 공연이 끝난 후에도 밤 12시까지 개방된다. 그러니까 피크닉을 하듯 음식을 싸 와서 오후 3시부터 자정까지 여기서 놀고 가도 된다는 얘기다. 드레스와 턱시도로 한껏 멋을 내고 와서 우아하게 오페라도 보고, 아름다운 정원에서 피크닉도 즐길 수 있는 것이 글라인드본 오페라 페스티벌의 매력이다.

—
글라인드본 페스티벌 극장

공연을 보러 온 남자들이 하나같이 까만 양복에 흰 와이셔츠, 까만 나비넥타이 차림인 것이 눈에 띄었다. 그런 남자가 어찌나 많은지 마치 단체로 옷을 맞추어 입은 것 같았다. 유럽 오페라 극장에서는 턱시도에 나비넥타이를 맨 남자들을 흔히 볼 수 있지만 이렇게 많은 사람이 복장의 통일을 이룬 경우는 처음 보았다. 저 사람들 뭐지? 어쩌면 글라인드본 페스티벌 후원 회원들인지도 모른다. 그런데 대부분이 노인이다. 평균

베를리오즈의 오페라 〈파우스트의 겁벌〉 공연 장면

70대 중후반 정도라고 해야 할까. 이렇게 은퇴한 자산가나 기업의 후원금으로 명맥을 유지해 가는 오페라 극장이나 페스티벌이 많다. 그렇다면 이들이 죽고 나면 오페라 극장의 운명은 어떻게 될까? 글라인드본 페스티벌에 온 노인들을 보면서 문득 이런 생각이 들었다.

〈파우스트의 겁벌〉은 깔끔하면서도 발랄한 아이디어가 돋보이는 연

235

출과 심플한 무대, 메피스토펠레스의 연기력이 인상적인 공연이었다. 베를리오즈의 작품 자체가 원작인 괴테의 〈파우스트〉가 지닌 무거움을 상큼하게 벗어던진 측면이 있기는 하지만, 특히 이번 프로덕션에서는 될 수 있는 한 무겁게 가지 않으려고 작정한 흔적이 엿보인다. 하기야 와인을 곁들인 멋진 저녁 식사로 이미 나른한 육체의 포만감을 느끼고 있는 관객에게 굳이 오페라를 보며 파우스트와 같은 존재론적 고민을 하라고 강요할 필요가 있을까?

전반부가 끝나고 드디어 대망(?)의 디너 인터미션 시간이 되었다. 우리는 시간에 쫓겨 대충 쇼핑백에 빵과 음료를 챙겨 갔으나 다른 사람들은 간이 테이블과 의자, 피크닉 바구니, 와인 잔에 심지어는 테이블보까지 가져와 본격적인 만찬을 즐기고 있었다. 그러나 우리가 이 피크닉을 위해 야심 차게 준비한 것은 다름 아닌 싸구려 비닐 돗자리! 아, 삼겹살 파티에나 어울릴 법한 이 돗자리는 글라인드본 페스티벌 피크닉의 품격(?)과 심하게 '사맛디' 아니하였으니 내 이를 민망히 여겨 사람들 눈에 띄지 않는 주차장 옆 잔디밭에 자리를 잡고 앉았던 것이었다.

근데 너무 추웠다. 5월 말인데도 꽃샘바람이 부는 3월 날씨 같았다. 기왕 여기까지 왔으니 분위기도 낼 겸 와인이라도 한 잔씩 사서 마실까 하고 잠깐 생각했다. 하지만 와인을 마시며 야외에서 느긋하게 분위기를 즐기기에는 바람이 너무 많이 불었다. 분위기고 뭐고 그냥 후다닥 먹고 빨리 안으로 들어가고 싶었다. 나름 오페라 본다고 원피스에 귀걸이

—
디너 인터미션 시간에 정원에서 피크닉을 즐기는 관객들

에 목걸이까지 한껏 치장하고 갔는데, 주차장 옆 삼겹살 돗자리에 덜덜 떨면서 앉아 있으려니 이보다 모양 빠지는 일이 없었다.

돗자리에 앉아 샌드위치 하나를 먹고 후다닥 극장 로비로 들어갔다. 추운 몸을 덥히기 위해 로비에서 파는 에스프레소 커피를 한 잔씩 사서 마셨다. 그런데 정원에 있는 사람들은 날씨에 아랑곳하지 않고 느긋하게 피크닉을 즐기고 있었다. 유럽 여행 때마다 느끼는 것이지만 이 동네

글라인드본 극장에 딸린 정원

사람들은 날씨에 일희일비하지 않는다. 비가 오면 오는 대로, 바람이 불면 부는 대로 그냥 그 자리에 그대로 있다. 아무런 동요도 없이. 추위를 잘 못 느끼는 걸까.

공연은 성공리에 끝났다. 하지만 내심 이 공연을 기대했던 나로서는 개인적으로 아쉬움이 많았다. 마지막에 천사들의 합창 소리를 들으며 마르가리테가 승천하는 장면을 통해 영혼의 힐링을 받으려던 기대가 완전히 무너졌기 때문이다. 원작대로라면 파우스트는 지옥으로 떨어지고, 마르가리테는 파우스트에 대한 헌신적인 사랑으로 영혼의 구원을 받아 천사들의 아름다운 합창을 들으며 하늘로 올라가는 것으로 끝나야 한다. 이 부분의 합창이 얼마나 아름다운지 모른다. 정말 영혼이 정화되는 듯한 느낌을 받는다.

그런데 천사들의 합창을 끝으로 공연이 끝났다고 생각하는 순간 메피스토펠레스와 도깨비들이 나오더니 지옥의 춤을 추는 것이 아닌가. 원래 도깨비 춤은 중간에 나와야 한다. 안 그래도 공연을 보면서 도깨비 춤 장면을 왜 생략했을까 궁금했는데 마지막에 쓰려고 아껴 두었던 모양이다.

도깨비 춤의 총지휘자는 메피스토펠레스다. 그가 지휘하는 지옥의 춤은 '악의 승리'를 상징하는 것 같다. 이게 뭐지? 예상치 못한 결말에 일순 당혹스러웠다. 하지만 곧 웃음이 터져 나왔다. 낄낄대며 난잡한 춤을 추는 도깨비들이나 이를 총지휘하는 메피스토펠레스나 모두 그렇게 심한 악인처럼 보이지 않았기 때문이다. 그래서인지 관객 모두 웃음을 터트리며 악마의 파티, 지옥의 춤을 즐겼다. 그렇게 공연은 베를리오즈와 괴테가 의도한 헌신적인 사랑의 승리라는 결말을 가볍게 비웃는 것으로 끝이 났다. 극장을 나오면서 남편에게 물었다.

"어때, 일대일 맞춤 과외를 받고 보니까 훨씬 재미있지?"

"응. 정말 그렇네. 재미있게 봤어. 심플한 무대도 좋았고 무엇보다 메피스토펠레스 연기력이 뛰어나네."

클래식이나 오페라에 문외한인 사람이 이런 공연도 보다니. 졸지 않는 것을 넘어 심지어 나름대로 감상평까지 하게 되었다니! 이게 다 누구 덕인가. 이 남자가 마누라 하나는 정말 기똥차게 잘 만난 것 같다.

다양한
문화 체험의 장

일리 대성당(Ely Cathedral)

여행하다 보면 예기치 않은 사고가 종종 일어난다. 하지만 여러 개의 사건이 단 하루 동안 한꺼번에 일어나는 일은 드물다. 그런데 잉글랜드 남부 여행을 마치고 북쪽으로 올라가는 5월의 마지막 날, 그런 일이 일어났다. 다른 날과 달리 이날은 일징을 좀 뻑뻑하게 잡았다. 하루 동안 버지니아 울프가 살았던 몽크 하우스와 시인 퍼시 셸리의 생가가 있는 필드플레이스 그리고 영화 〈더 페이버릿: 여왕의 여자The Favourite〉의 촬영지 해트필드 하우스를 모두 보려고 했으니 말이다. 그런데 이런저런 이유로 세 개 다 보지 못했다.

　그날 밤 숙소는 케임브리지 근교의 소스톤Sawston에 있었다. 방에 들어가 짐을 푸는데 이게 웬일인가. 내 노트북이 안 보이는 것이다. 순간 머릿속이 하얘졌다. 노트북에는 그동안 여행하면서 찍은 사진, 여행 일정, 숙소 주소, 여행지 정보 등 여행에 관한 모든 것이 들어 있었다. 없으면 여행 자체가 불가능할 정도로 치명적인 정보를 담고 있는 노트북이 없어지다니. 도대체 어디에 빠트린 거지?

이렇게 당황하고 있던 차에 어젯밤에 묵었던 숙소의 주인에게서 메시지가 왔다. 집 밖에 노트북이 있는데 혹시 놓고 간 것 아니냐고. 그 메시지를 받고 안도의 한숨을 쉬었다. 비록 아주 먼 곳이기는 하지만 일단 노트북이 무사하다는 것을 확인했으니까. 바로 주인에게 전화를 걸어 노트북을 찾으러 가겠다고 했다. 언제 올 거냐기에 지금 당장 가겠다고 했다. 편도 2시간 반, 왕복 5시간 정도 걸리는 거리였다. 그렇게 다시 왔던 길을 되돌아 잉글랜드 남부까지 내려갔다. 가는 과정도 순탄치 않았다. 가는 도중에 기름이 떨어질락 말락 하는 통에 얼마나 가슴을 졸였는지 모른다.

템스강을 가로지르는 퀸 엘리자베스 다리를 건너는데, 'Dartford Crossing Charge'라는 팻말이 눈에 들어왔다. 운전하는 남편이 "Dart Charge가 뭐지? 한번 찾아봐."라고 했다. 하지만 대수롭지 않게 생각하고 찾는 척하다가 말았다. 나중에 알아보니 'Dart Charge'란 이 다리를 통과할 때 내는 통행료라고 한다. 그날 자정까지 운전자가 알아서 납부해야 한다. 여행자인 우리가 그걸 알 턱이 있나. 설사 알았다 하더라도 별수 없었을 것이다. 도대체 어디로 가서 '알아서' 납부하란 말인가. 결국 이날 '알아서' 납부하지 않은 죄로 나중에 벌금이 포함된 고지서가 집으로 날아왔다. 그러니 혹시 영국을 여행하다 템스강에 있는 퀸 엘리자베스 다리를 건널 일이 있는 사람은 참고하기 바란다. 어떻게 '알아서' 납부하는지는 본인이 '알아서' 알아보도록.

노트북을 받으러 숙소에 도착한 것은 자정이 다 되어서였다. 집주인 부부가 거실에서 우리를 기다리고 있었다. 나는 최대한 정중한 표정으로 노트북을 건네받으며 미안하다는 말을 연발했다. 지금 케임브리지에서 내려오는 길이라고 하니까 몹시 놀라는 눈치였다. 그렇게 천신만고 끝에 노트북을 받고 다시 2시간 반 동안 차를 타고 숙소로 돌아왔다. 새벽 2시 반이 넘은 시각이었다.

일리 대성당에서의 성찬 예배

다음 날, 늦은 아침을 먹고 영화 〈주피터 어센딩Jupiter Ascending〉의 촬영지인 일리 대성당으로 향했다. 〈주피터 어센딩〉은 자신이 지구의 주인이라는 사실을 깨달은 주인공 주피터가 케인이라는 우주 군인의 도움으로 지구를 구한다는 내용의 영화다. 이 영화에는 주피터와 타이터스가 고딕 양식으로 지어진 거대한 성당에서 결혼식을 올리는 장면이 나온다. 주피터 역을 맡은 밀라 쿠니스가 붉은 꽃으로 장식한 화려한 화관과 드레스를 입고 까마득히 높은 천장에서 아래로 하강한다. 하강하는 주피터의 발밑으로 결혼식 하객들의 모습이 보인다. 그런데 분위기

웅장한 외관을 자랑하는 일리 대성당

가 왠지 비현실적이다. 알고 보니 이들은 모두 인간이 아닌 홀로그램들이다. 그 때문일까. 결혼식장이 현실의 공간이 아닌 외계의 공간 같다. 이 장면을 찍은 일리 대성당은 예로부터 영화 촬영지로 인기가 높았다. 〈주피터 어센딩〉 외에 〈골든 에이지〉, 〈킹스 스피치〉, 〈천일의 스캔들〉, 〈더 크라운〉 등이 모두 여기서 촬영되었다.

일리 대성당은 케임브리지와 가깝다. 자동차로 40분 정도 걸리기 때문에 케임브리지에서 당일치기로 다녀올 수 있다. 사실 일리 대성당을 찾기 전까지 나는 일리에 대해 아는 것이 없었다. 청교도 혁명으로 유명한 올리버 크롬웰의 생가가 바로 여기에 있다는 얘기만 들었을 뿐이다. 관광객들로 북적거리는 런던, 옥스퍼드, 케임브리지와 달리 일리는 상대적으로 한적한 도시다. 지금도 그러니 아마 과거에는 더했을 것이다. 그런데 성당은 어마어마하게 크다. 요크 민스터도 그렇고 일리 대성당도 그렇고, 옛 유럽의 성당들은 마을의 규모를 압도한다. 작고 아담한 마을 한가운데에 엄청나게 큰 성당이 있었으니 그 모습이 참 그로테스크했을 것이다. 중세에는 빛과 어두움이 이런 방식으로 공존했다. 현재의 우리는 그 엄청난 광휘 뒤에 드리운 깊은 음영을 잘 보지 못하지만 말이다.

일요일 오전 10시 30분, 일리 대성당에서 열리는 성찬 예배에 참석했다. 이 성당의 네이브(nave; 신도석이 있는 성당의 중앙 부분)의 길이는 75미터

파이프 오르간이 있는 성가대석

로 영국에서 가장 길다. 요크 민스터보다도 무려 9미터나 더 길다고 한다. 제일 앞자리에 앉아서 예배를 보았다. 일요일 아침 예배라서 그런지 의식이 상당히 복잡하고 예배 시간도 길었다. 한 시간 반 정도 걸렸던 것 같은데, 가장 인상적인 것은 보이 소프라노와 성인 남성으로 구성된 성가대가 부르는 성가였다.

일리 대성당은 전속 성가대를 둔 몇 안 되는 성당 중 하나다. 성가대의 기원이 멀리 16세기 중엽까지 거슬러 올라가는데, 현재 성가대원은 7세에서 13세에 이르는 변성기 이전의 소년 22명과 6명의 성인 남성으로 구성되어 있다. 매주 일요일과 축일 그리고 저녁 예배에 가면 이들의 노래를 들을 수 있다. 그런가 하면 각종 콘서트와 리사이틀을 열기도 하는데, 이에 대한 정보는 성당 홈페이지에 자세히 나와 있다. 유럽의 성당들은 오르간 연주나 합창 공연, 개인 리사이틀이나 콘서트 등 다양한 이벤트를 여는 경우가 많다. 미리 정보를 알고 그에 맞춰 여행 계획을 세우면 색다른 경험을 할 수 있다.

예배 참석자 대부분은 관광객이었다. 중세에는 신도들이 이 어마어마한 공간을 가득 채웠을 것이다. 자원봉사자들이 예배 참석자를 위해 예배 순서와 노래 악보와 가사, 기도문이 실린 소책자를 나누어 주었다. 소책자에 적혀 있는 대로 따라 했다. 살면서 개신교 예배에만 참석했던 나로서는 의식이 상당히 낯설었다. 헨리 8세가 영국 국교회를 세운 후 일리 대성당 역시 그 밑에 들어갔다고 하지만 의식 자체는 옛 가톨릭 전통을 따르고 있다는 느낌을 받았다. 중간에 사도신경과 주기도문을 외우는 대목을 제외하고는 모든 것이 낯설었다. 특히 음악이 그랬다. 내가 개신교 찬송가는 거의 다 알고 있는 사람인데, 예배에서 연주되는 곡이나 회중이 같이 부르는 노래 중에 아는 노래가 단 하나도 없었다.

그런데 역설적으로 나는 음악들이 낯설어서 좋았다. 중세로 돌아간 느낌, 음악을 통해서 시간 여행을 하는 느낌이 들었기 때문이다. 가톨릭 교회음악의 전통에 따라 남자로만 구성된 성가대가 라틴어 가사의 다성 합창곡을 불렀는데, 그 노래가 이루 말할 수 없이 신비하고 아름다웠다. 작곡가가 누군지 모르지만 어떻게 선율을 저토록 정교한 솜씨로 다듬을 수 있는지 놀라움을 금할 수 없었다. 성당의 드높은 공간을 타고 메아리처럼 울려 퍼지는 아름다운 소리를 들으니 가슴이 울렁거렸다. 없던 신앙심도 마구 생길 것 같은 기분이라고나 할까. 역시 성가는 여러 개의 독립된 성부가 샘솟듯 솟아나는 폴리포니polyphony로 들어야 제 맛이 난다. 소프라노만 주인공이고 다른 성부는 모두 시녀인 호모포니 homophony는 어느덧 솟아났다가 사라지고 그랬다가 다시 어디선가 홀연히 나타나는 중세적 '끼어듦'의 신비를 표현할 수 없다.

중간에 성찬식 순서가 있었다. 나누어 준 책자에는 다음과 같이 적혀 있었다. "어떤 교파든 기독교인이라면 누구라도 성찬식에 참여할 수 있다. 잔에 여러 사람이 입을 대고 마시는 것이 싫다면 포도주는 생략하고 웨이퍼(얇은 과자)만 먹어도 된다. 글루텐 알레르기가 있는 사람은 따로 얘기하면 글루텐이 들어가지 않은 웨이퍼를 줄 수도 있다. 성찬식에는 참여하지 않고 그냥 신부의 축복만 받고 싶은 사람은 앞으로 나와서 책자를 들고 있으면 된다." 이런 내용이었다. 세상에! 글루텐 프리 웨이퍼라니! 친절하기도 하셔라.

과학과 종교가 만나는 사이언스 페스티벌

일리 대성당을 찾은 날은 사이언스 페스티벌이 열리는 기간이었다. 성당에서 사이언스 페스티벌을 열다니 얼마나 놀라운 일인가. 그동안 종교와 과학은 양립할 수 없는 것이라는 생각이 일반적이었다. 종교는 과학을 배척했고, 과학은 종교를 배척했다. 그런데 일리 대성당은 이렇게 서로 상극인 과학과 종교를 품으려고 시도하고 있다. 매해 5월 말에서 6월 초까지 계속되는 페스티벌 기간에 각종 전시회와 강연, 음악회, 과학 체험 학습 등 다양한 행사가 펼쳐진다.

이번 페스티벌의 주제는 인간이 달에 착륙한 지 50년이 되는 것을 기념하는 의미에서 '달'로 정했다고 한다. 성당 한가운데에 걸려 있

사이언스 페스티벌의 일환으로 설치해 놓은 거대한 달

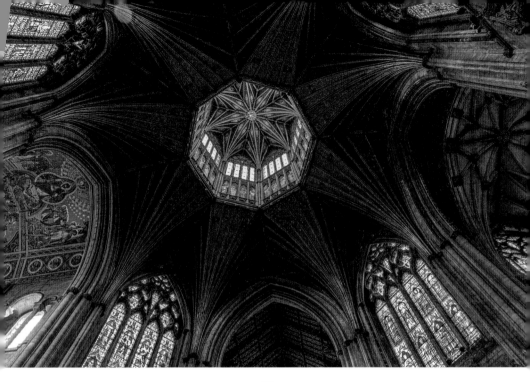

—
화려한 색감의 옥타곤 타워 천장 장식

는 거대한 달 모형이 인상적이다. 지름이 7미터에 이르는 이 달 모형은
NASA의 달 표면 이미지를 50만 분의 1로 축소해 놓은 것이다. 그러니
까 모형의 1센티미터가 실제 달에서는 5킬로미터에 해당하는 셈이다.
수백 년을 이어 온 고풍스러운 건축물 한가운데 떠 있는 거대한 달이
우주와 시간의 신비를 그대로 간직하고 있는 것처럼 보였다.

네이브 끝에 있는 십자형 교차로의 한가운데에 팔각형 모양의 천장이 있다. 일명 옥타곤 타워Octagon Tower라고 불리는 이 공간은 중세 건축 기술의 걸작으로 꼽히는 곳이다. 가이드의 안내를 받아 나선형의 좁은 돌계단을 밟고 탑 꼭대기로 올라가면 성당 안에서는 보이지 않는 탑의 구조물을 자세히 볼 수 있다. 탑의 내부는 악기를 연주하는 천사들의 모습이 그려진 패널과 스테인드글라스로 장식되어 있는데, 그림 패널 하나를 창문처럼 열면 탑의 내부와 함께 40미터 높이의 성당 안이 그대로 내려다보인다. 〈주피터 어센딩〉에서 화려한 웨딩드레스를 입은 주피터가 하강하는 장면에 나오는 회중석이 내려다보이는 것이다. 영화에서 주피터는 팔각형의 발판을 타고 홀로그램 하객들이 있는 회중석으로 내려간다.

옥타곤 타워와 더불어 일리 대성당에서 가장 볼 만한 것은 조지 길버트 스콧George Gilbert Scott이 제작한 제단 장식벽이다. 이것은 일종의 '금빛 환상'이다. 하층부를 이루는 다섯 개의 패널에는 성주간의 장면들이 담겨 있다. 왼쪽에서부터 예수의 예루살렘 입성, 예수의 발을 씻는 장면, 최후의 만찬, 겟세마네 동산에서의 고뇌, 십자가를 지고 가는 예수가 차례로 조각되어 있다. 내용은 예수의 수난을 담은 것이지만 이 황금빛 조각과 장식에서는 그 어떤 고난도 느껴지지 않는다. 예수의 고난이 장식의 소재로 쓰이면서 어느덧 고난은 사라지고 환상만 남았다.

제단 앞쪽에는 성가대석이 있고, 그 위에 파이프 오르간이 있다. 파이

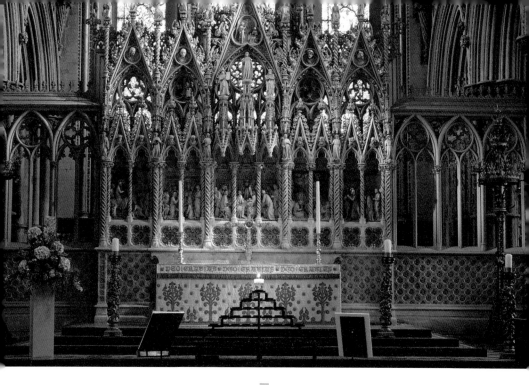

성주간의 장면들을 묘사한 제단 장식벽

프 오르간은 규모가 그렇게 크지는 않지만 장식적인 면에서는 타의 추종을 불허할 정도로 아름답다. 오르간의 상하부뿐만 아니라 파이프 자체에도 장식이 있는데, 여덟 명의 천사가 트럼펫을 불고 있는 상층부의 장식이 특히 환상적이다.

성당의 왼쪽 트랜셉트(transept; 십자형 교회당에서 본당과 부속 건물을 연결해 주는 공간)에 부속된 레이디 채플Lady Chapel은 영화 〈골든 에이지〉를 촬

—
스테인드글라스 박물관에 전시된 작품

영한 곳이다. 영화에서는 이곳을 연회장으로 사용했다. 예배당의 하부
는 다양한 조각들로 장식되어 있는데, 이 조각들은 종교 개혁 기간에 머
리가 잘려 나가거나 얼굴이 훼손되는 수난을 겪었다. 지금도 그 '파괴'
혹은 '개혁'의 흔적이 보이지만 그럼에도 본연의 아름다움을 잃지 않고
있다.

성당의 위층 복도에는 스테인드글라스 박물관이 있는데, 이곳은 별

—
플라워 페스티벌 개장 전날, 소년 성가대원들이 전시 작품에 물을 주고 있다.

도의 입장료를 내고 들어가야 한다. 중세에 만들어진 스테인드글라스
부터 현대에 만들어진 유머러스한 주제의 스테인드글라스까지 다양한
작품이 전시되어 있다.

성당 입구에 있는 작은 카페에서 커피를 곁들인 간단한 점심을 먹었
다. 그 카페를 통해 밖으로 나가면 농장 마당이 나온다. 마침 그날은 오

리를 풀어 놓는 날이었다. "아이들이 오리를 쫓아가거나 만지면서 놀 수 있게 하세요."라는 안내문이 있었다. 그래서인지 어린아이를 데리고 온 사람들이 많았다. 카페에서 커피를 주문하려고 줄을 서 있는데, 앞에 있는 할머니의 쟁반 위로 오리털 한 개가 떨어졌다. 할머니는 그것을 집어 자기 가방에 넣으면서 "I'm so lucky." 하며 웃었다.

일리 대성당에서는 사이언스 페스티벌 외에도 절기마다 다양한 문화 행사가 열린다. 6월 말에는 전국의 플라워 디자이너들이 참여하는 플라워 페스티벌이 열리는데, 전국 38개 플라워 클럽에서 온 220여 명의 플로리스트가 참여해 환상적인 꽃의 향연을 펼친다. 사흘 동안 계속되는데 이 페스티벌 기간에 무려 2만 명의 관람객이 이곳을 찾는다고 한다.

일리 대성당은 복합 문화공간이다. 성당이 단순히 예배를 드리는 장소가 아니라 사람들이 서로 만나 소통하고, 이벤트를 즐기고, 차를 마시며 휴식을 취하고, 예술 작품을 감상하고, 어떤 주제에 대해 공부할 수 있는 문화 체험의 장으로 활용되고 있는 것이다. 그래서 전혀 지루하지 않았다. 성당 안에서 몇 시간 동안 정말 재미있게 놀았다. 그러고 나서 밖으로 나오는데 남편이 한마디 한다.

"이 성당 주지 스님이 꽤 문화적 소양이 있는 사람인 것 같아."

엘리자베스 여왕의
추억이 깃든 곳

해트필드 하우스(Hatfield House)

Hatfield House

영국에는 원형 교차로가 많다. 운전을 못 하는 나는 별 감흥이 없는데 남편은 영국의 원형 교차로를 돌 때마다 "이거 참 합리적이란 말이야." 하면서 감탄하곤 한다. 사거리처럼 신호를 기다릴 필요 없이 빙글빙글 돌다가 자기가 원하는 출구로 나가면 되기 때문이다.

그런데 이게 상당히 당황스러울 때도 있다. 말하자면 출구가 여러 개 있을 때다. 4번까지는 그럭저럭 잘 찾아 나가는데 6번, 7번, 8번 출구까지 있는 경우에는 곤란한 상황이 발생한다. 출구 수를 세다가 잊어버리기도 하고(나이가 있잖아), 출구의 모양이 애매해서 이걸 출구로 쳐야 해 말아야 해 고민하다가 그냥 지나쳐 버리는 수도 있다.

하지만 이보다 더 당황스러운 것은 원형 교차로의 형태다. 영국에는 우리가 일반적으로 생각하는 원형 교차로의 기준에 부합하지 않는 것이 너무나 많다. 해트필드 하우스를 찾아가는 길에 그런 교차로를 보았다. 내비게이션이 원형 교차로에서 몇 번 출구로 나가라고 하는데 아무리 봐도 원형 교차로가 안 보이는 거다. 당황하고 있는데, 사거리 바닥 한가운데에 작은 원 하나가 그려진 것이 보였다. 저게 원형 교차로라고? 헛웃음이 나왔지만 사실 이건 애교에 속한다. 바닥에 그냥 까만 점 하나 그려 놓고 원형 교차로라고 하는 데도 있다. 점 하나 그려 넣으면 평범한 사거리가 원형 교차로가 된다고? 이건 뭐 막장 드라마도 아니고.

〈더 페이버릿〉의 촬영지, 해트필드 하우스

올리비아 콜맨에게 아카데미 여우 주연상의 영광을 안겨 준 〈더 페이버릿: 여왕의 여자〉는 잉글랜드 남동부 하트퍼드셔주에 있는 해트필드 하우스에서 촬영했다. 〈더 페이버릿〉은 스튜어트 왕조의 마지막 왕인 앤 여왕과 여왕의 측근인 두 여자 사이의 애증과 갈등을 그린 영화다.

앤 여왕의 오랜 친구이자 말벗인 말버러 공작부인은 여왕과의 친분을 무기로 국정을 좌지우지하는 무소불위의 권력을 휘두르고 있다. 하지만 몰락한 귀족 가문 출신의 애비게일이 궁으로 들어와 여왕의 총애를 받으면서 두 여자 사이의 갈등이 시작된다. 애비게일은 공작부인이 정치적인 일로 여왕과 갈등하는 사이에 여왕의 마음속 빈자리를 파고든다. 그리고 공작부인을 제거하기 위한 음모를 꾸민다. 공작부인을 죽

영화 〈더 페이버릿〉에 나오는 해트필드 하우스

이러는 애비게일의 시도는 결국 실패로 끝나지만, 그 일이 있고 나서 공작부인은 끝내 여왕의 마음을 얻지 못한다.

영화는 앤 여왕에 관한 이야기지만 사실 해트필드 하우스는 앤 여왕하고는 별 관련이 없다. 영국 왕가와의 인연을 따지자면 앤 여왕보다는 엘리자베스 1세 쪽에 훨씬 가깝다. 해트필드 하우스 옆에는 붉은 벽돌로 지어진 옛 궁전Old Palace이 있다. 지금은 건물 일부만 남아 있는 이 고색창연한 궁전은 엘리자베스 1세가 어린 시절을 보낸 곳이다.

—
엘리자베스 1세가 어린 시절을 보낸 옛 궁전

1538년 헨리 8세는 자신의 세 자녀 즉, 메리와 엘리자베스, 에드워드 6세를 양육하기 위해 이 궁전을 사들였다. 엘리자베스 1세는 헨리 8세와 그의 두 번째 부인 앤 불린 사이에서 태어났다. 그녀가 태어났을 당시 헨리 8세와 그의 첫 번째 부인 캐서린 사이에서 태어난 딸 메리는 열일곱 살이었다. 메리는 아버지인 헨리 8세가 자기 어머니를 버리고 앤 불린과 결혼한 것과 가톨릭을 거부하고 영국 국교회를 세운 것에 반대했다. 그러자 화가 난 헨리 8세는 이에 대한 벌로 메리로 하여금 이복동생 엘리자베스의 시중을 들도록 했다. 아버지가 자기 어머니를 버린 것도 화가 나는데 심지어 어머니 자리를 빼앗은 여자가 낳은 딸의 시중까지 들어야 했으니 그 심정이 오죽했을까. 메리에게 해트필드에서의 삶은 굴종의 세월이었을 것이다.

　그런데 메리만큼은 아니지만 엘리자베스도 찬밥 신세이긴 마찬가지였다. 마르쿠스 스톤Marcus stone이라는 화가가 1538년에 그린 〈궁정 육아실〉이라는 그림이 있는데, 이 그림을 보면 당시 어린 엘리자베스가 어떤 대우를 받았는지 짐작할 수 있다. 가운데에 당시 한 살이던 에드워드 6세가 보행기를 타고 있고, 아버지 헨리 8세가 아기의 볼을 어루만지고 있다. 당시 다섯 살이던 엘리자베스는 한쪽 구석에 밀려나 아버지가 동생을 귀여워하는 모습을 물끄러미 바라보고 있다. 헨리 8세의 관심과 애정이 장래의 왕위 계승자인 아들에게 편중되어 있었다는 것을 보여 주는 그림이다.

　이렇게 헨리 8세로부터 차별 대우를 받기는 했으나 해트필드에서의 어린 시절은 비교적 행복했다. 함께 자란 네 살 터울의 이복동생 에드워드 6세와의 사이도 좋았고, 공주 신분으로 동생과 함께 왕실 가족에게 부여되는 특별한 교육을 받으며 성장했다.

　그녀가 살았던 옛 궁전은 지금은 건물 일부만 남아 있다. 엘리자베스 1세에 이어 왕위에 오른 제임스 1세는 1607년 수상인 로버트 세실이 살던 테오발드 궁과 해트필드 궁전을 맞바꾸었다. 해트필드 궁전의 새 주인이 된 로버트 세실은 1611년 옛 궁전을 구성하는 네 개의 날개 중에 세 개를 부수어 그 벽돌로 해트필드 하우스를 지었다. 오래된 해트필드 궁전을 구성하고 있던 조각 일부가 해트필드 하우스로 옮겨 간 것이다. 엘리자베스의 어린 시절, 그 행복했던 추억의 조각들은 이렇게 창조적으로 해체되고 재구성되었다.

세실 가문의 저택, 해트필드 하우스

해트필드 하우스는 영화 촬영지로 인기가 많다. 〈더 페이버릿〉을 비롯해 〈엘리자베스〉, 〈레베카〉, 〈더 크라운〉 등 다수의 영화가 바로 이곳에서 촬영되었다. 안으로 들어가면 제일 먼저 나오는 공간이 마블 홀 Marble Hall이다. 영화에서 여왕과 궁정 대신들이 함께하는 연회가 벌어졌던 곳이다. 마블 홀은 해트필드 하우스가 처음 지어졌을 때와 거의 같은 모습을 하고 있다. 영화에서처럼 해트필드 하우스의 주인 역시 여기서 손님을 위한 연회나 무도회를 열었다. 바닥에 깔린 격자무늬 대리석 때문에 마블 홀이라는 이름이 붙었지만 사실 이 홀을 구성하는 주재료는 목재이다. 층고가 상당히 높은 천장과 벽이 아름답고 정교하게 조각

266

마틀 홀에 있는 일명 '레인보우 초상화'로 불리는 엘리자베스 1세의 초상화

된 목재로 마감되어 있다.

마블 홀에서 가장 눈길을 끄는 것은 입구 쪽에 걸려 있는 엘리자베스 여왕의 초상화다. 일명 '레인보우 초상화'라 불리는 이 그림은 엘리자베스 여왕을 그린 초상화 중에서 여왕의 권위와 영국 왕으로서의 상징성을 가장 잘 드러냈다고 평가받고 있다. 엘리자베스 여왕은 1602년, 어린 시절의 추억이 깃든 해트필드를 방문했다. 이때 여왕의 방문을 기념하고자 해트필드 하우스의 주인인 로버트 세실이 이 초상화를 제작했다. 당시 여왕의 나이는 일흔을 바라보고 있었으나 초상화 속 얼굴은 실제 나이보다 상당히 젊어 보인다. 황금시대를 구가한 왕국의 통치자로서의 상징성이 이렇게 '영원히 늙지 않는 여왕의 초상화' 속에 구현된 것이다. 여왕이 입고 있는 드레스와 망토에 지혜를 상징하는 눈과 귀 문양이 그려진 것이 특이하다. 여왕의 오른손에는 무지개가 들려 있고, 그 위에 'non sine sole iris(태양이 없으면 무지개도 없다)'라는 글귀가 적혀 있다.

계단을 올라가면 바로 나오는 방이 제임스 1세의 응접실이다. 〈더 페이버릿〉의 주인공인 공작부인과 애비게일의 등신대 인형이 영화에서와 똑같은 옷을 입고 관람객을 맞고 있다. 이 방은 원래 로버트 세실 경이 리셉션 홀로 쓰던 방이다. 그런데도 '제임스 1세의 응접실'이라는 이름이 붙은 것은 벽난로 위에 있는 제임스 1세의 조각상 때문이다.

제임스 1세의 응접실

영화에서 이 방은 앤 여왕의 침실로 쓰였다. 영화의 주요 장면은 모두 이곳에서 촬영되었다. 침실은 앤 여왕의 나약함과 외로움, 고통이 남몰래 발현되는 은밀한 공간이다. 앤 여왕은 17명의 아이를 임신하거나 출산했지만 모두 유산, 사산되거나 어린 나이에 죽었다. 그 상실감을 달래려고 그녀는 이 방에서 17마리의 토끼를 키웠다. 여왕의 상실감을 간파한 애비게일은 그녀의 환심을 사려고 토끼들을 각별히 대하는

—
'족제비 초상화'로 불리는 엘리자베스 1세의 초상화

척한다.

영화에서는 이 방이 매우 내밀한 공간으로 나오지만 실제로는 상당히 개방적인 공간이다. 일단 영화에 나오는 침대가 없고, 온통 태피스트리로 덮여 있는 벽에는 크고 작은 온갖 종류의 초상화가 걸려 있다. 벽면을 가득 채운 초상화 중에서 단연 눈길을 끄는 것은 엘리자베스 여왕의 초상화이다. 이른바 '족제비 초상화'라고 불리는 이 초상화는 마블홀에 있는 레인보우 초상화를 그린 시기보다 훨씬 전인 1585년에 그려졌다. 그림에서 여왕은 화려하게 장식한 검은 벨벳 드레스를 입고, 오른손에는 평화의 상징인 올리브 가지를 들고 있다. 왼쪽에는 작은 흰색 동물이 있는데 바로 족제비다. 하지만 그냥 족제비가 아니라 금관을 두른 높은 신분의 귀족 족제비다. 족제비는 순결과 처녀성을 상징한다.

서재로 들어가는 입구에는 엘리자베스 1세의 가계도가 그려진 양피지가 걸려 있다. 각양각색의 무기 그림과 여러 가문의 문장으로 아름답게 장식된 이 가계도는 1559년에 제작된 것으로 길이가 무려 20미터에 이른다. 그런데 가계도에 나온 엘리자베스 여왕의 조상의 면면이 예사롭지 않다. 브리튼을 통일한 아서왕과 셰익스피어 비극의 주인공 리어왕은 뭐 그렇다 쳐도 로마 황제 율리우스 카이사르와 로마를 건설한 로물루스와 레무스, 트로이 왕자 헥토르와 《구약성서》의 인물 노아가 나오는 것은 또 뭐란 말인가. 이거야말로 실제 역사와 전설, 팩트와 픽션을 망라하는 전 우주적, 전 지구적, 전 역사적 상상력이 아닐 수 없다. 이렇게 엄청난 상상력의 끝은 어디일까. 놀라지 마시라. 바로 에덴동산의 아담과 이브다. 우리 호모 사피엔스는 모두 아담과 이브의 후손이니 고로 나와 엘리자베스 여왕은 상당히 먼 친척이 되는 셈이다.

서재로 들어가니 세월의 흔적을 간직한 고색창연한 고서들이 한눈에 들어온다. 영화에서 공작부인의 침실로 사용된 서재는 여왕의 침실만큼이나 은밀한 공간이다. 애비게일은 2층 난간에서 몰래 책을 읽다가 여왕과 공작부인이 벌이는 은밀한 행위를 목격하고 충격을 받는다. 영화에서는 이렇게 낯 뜨거운 일이 벌어지는 은밀한 공간으로 나오지만 실제로 이곳은 은밀함과는 거리가 먼 전형적인 서재의 모습을 하고 있다. 16세기 서적에서부터 최근에 발간된 서적에 이르기까지 모두 1만 권의 책이 빼곡히 꽂혀 있다.

영화에서 등장인물들의 이동 장면에 자주 나오는 롱 갤러리에 들어서면 나뭇잎 문양으로 장식된 황금빛 천장이 눈에 들어온다. 이 천장은 본래 흰색이었는데, 해트필드 하우스의 3대 후작이 베네치아에 가서 황금빛 천장을 보고 한눈에 반해 똑같이 만들었다고 한다. 창문 맞은편의 나무 벽면은 단순하고 정갈한 문양들로 장식되어 있다.

갤러리 끝에 있는 북쪽 갤러리North Gallery에는 엘리자베스 여왕이 사용했던 모자와 실크 스타킹, 장갑이 있다. 장갑의 모양으로 미루어 엘리

황금빛 천장을 자랑하는 롱 갤러리

자베스 여왕의 손가락이 유난히 길고 가늘었다는 것을 알 수 있다. 그런 가 하면 여기에는 〈더 페이버릿〉에 나오는 앤 여왕과 관련된 물건도 있다. 1702년 앤 여왕의 즉위식을 축하하기 위해 토머스 로버트가 제작한 의자다. 해트필드 하우스에서 〈더 페이버릿〉과의 연관성을 조금이라도 찾고 싶은 사람은 이 의자를 주목하기 바란다.

해트필드 하우스 같은 저택에 사는 사람들은 같은 용도라도 계절에 따라 다른 방을 사용하는 경우가 많다. 다이닝 룸이 그런 경우이다. 세실 가문 사람들은 앞에서 소개한 제임스 1세의 응접실을 식당 겸 리셉션 룸으로 사용했다. 하지만 날씨가 추운 겨울에는 이보다 규모가 작은 식당을 이용했는데, 그것이 바로 겨울 식당Winter Dining Room이다. 〈더 페이버릿〉에서 작은 음악회가 열린 그 공간이다.

겨울 식당 중앙에 있는 벽난로에는 대리석으로 조각된 풍요의 여신이 있고, 벽에는 봄, 여름, 가을, 겨울 사계절에 걸쳐 17세기 이 지방 사람들의 일상을 담은 대형 태피스트리가 걸려 있다. 이 태피스트리는 1611년에 제작된 것으로, 1846년 빅토리아 여왕의 방문을 목전에 두고 사들인 것이라고 한다.

한때 유럽 귀족들 사이에서 동양풍으로 집을 장식하는 것이 유행한 적이 있었다. 해트필드 하우스의 중국풍 침실Chinese Bedroom은 이런 귀족들의 이국 취미를 보여 주는 공간이다. 이 방에는 초록색 바탕에 새와

해트필드 하우스의 중국풍 침실

꽃 그림이 있는 벽지가 발라져 있는데, 중국에서 사람이 일일이 손으로 그려 제작한 것이라고 한다. 이 방 외에도 하우스 곳곳에서 중국 도자기와 장식품, 가구 등을 볼 수 있다.

피크닉을 즐기기에 좋은 공원과 숲

실내를 모두 둘러보고 밖으로 나와 정원을 산책했다. 해트필드 하우스에는 여러 개의 정원이 있는데, 그중 서쪽 정원에는 엘리자베스 여왕이 충신 윌리엄 세실 경을 비롯한 왕실 대신들과 함께 서 있는 부조가 있다. 정원을 둘러본 다음 거대한 고목이 줄지어 있는 공원과 숲길로 들어섰다. 공원에는 유난히 오크 나무가 많다. 바로 여기에 '엘리자베스 오크 나무'가 있다. 메리 여왕이 세상을 떠난 날, 엘리자베스는 오크 나무 밑에서 성경을 읽고 있다가 자신이 영국 여왕이 되었다는 소식을 들었다. 지금 그 나무는 없지만, 바로 그 자리에 현재의 엘리자베스 여왕이 심은 오크 나무가 있다. 그것이 '엘리자베스 오크 나무'다.

해트필드 하우스에는 아름다운 정원, 아름드리나무들이 줄지어 서 있는 방대한 공원과 숲길, 드넓은 초원, 아이들과 함께 놀 수 있는 농장과 놀이공원도 있다. 날씨가 좋은 날 피크닉 바구니를 들고 와서 종일 놀다 가기에 딱 좋은 곳이다.

숲길을 이리저리 거닐다가 적당한 곳에 돗자리를 깔고 점심을 먹었다. 샌드위치, 삶은 계란, 삶은 감자, 사과, 자몽, 블루베리, 딸기, 사과 주스에다 와인까지 곁들인 만찬을 즐기고 나니 몸이 노곤해졌다. 그래서

해트필드 하우스 전경

한참 동안 나무 그늘 아래 누워 휴식을 취했다.

숲에서 나와 옛 궁전이 있는 곳으로 다시 가니 건물 안에서 사람들이 나오는 것이 보인다. 결혼식이 있었던 모양이다. 궁전 앞 정원에서 기념 사진을 찍는 신랑 신부를 보면서 마음속으로 기도했다. 이렇게 햇살 좋은 날, 엘리자베스 여왕의 추억이 깃든 궁전에서 결혼식을 올린 저 부부의 앞날에 행복이 충만하기를.

과학이 밝힌
리처드 3세의 진실

리처드 3세 방문자 센터
(King Richard III Visitor Centre)

King Richard III Visitor Centre

레스터Leicester는 잉글랜드의 이스트 미들랜즈East Midlands 지역, 말하자면 잉글랜드의 거의 정중앙에 있는 도시다. 잉글랜드에서 가장 오래된 도시지만 이렇다 할 유적지나 특색이 없어서 오랫동안 여행객의 외면을 받아 왔다. 그런데 지난 2012년 이곳에 세계의 이목이 집중되었다. 수백 년 동안 행방이 묘연했던 잉글랜드 왕 리처드 3세의 유골이 발견된 것이다.

리처드 3세는 조카를 죽이고 왕위에 오른 나쁜 왕으로 알려져 있다. 하지만 그가 정말로 조카를 죽였는지는 확실하지 않다. 그리고 설사 조카를 죽인 것이 사실이라고 해도 그것 때문에 잉글랜드에서 가장 나쁜 왕이라는 소리를 듣는 것은 억울한 측면이 있다. 권력을 얻기 위해 나쁜 짓을 한 사람이 어디 한둘인가. 찾아보면 그런 짓을 한 사람은 차고도 넘친다. 리처드 3세만 유독 나쁜 놈 소리를 들을 이유가 없다.

리처드 3세는 요크가家와 랭커스터가家 사이에서 벌어졌던 왕위 쟁탈

전인 장미 전쟁에 나갔다가 전사했다. 그의 죽음으로 플랜태저넷 왕조가 끝나고 랭커스터계의 튜더 왕조가 시작되었는데, 튜더 왕조 치하에서 이전 왕조의 정통성을 깎아내리기 위한 격하 작업이 이루어졌다. 그 과정에서 리처드 3세는 '조카를 죽인 잔인한 폭군', '검은 머리의 꼽추'라는 나쁜 이미지가 굳어져 사람들의 머릿속에 각인되었다.

리처드 3세 격하 운동에 앞장선 사람은 셰익스피어였다. 튜더 왕조의 엘리자베스 치하에서 살았으니 그럴 만도 하다. 그의 희곡 중에서 가장 많이 공연되는 〈리처드 3세〉는 리처드 3세가 조카 에드워드 5세를 죽이고 냉혹하게 권력을 추구하지만 결국 몰락하여 죽게 된다는 이야기를 담고 있다. 이 작품에서 셰익스피어는 리처드 3세가 자기 자신을 '만들어지다 만 반푼이'로 자조하도록 한다.

나는 기형이고, 미완성이고, 반도 만들어지지 않은 채
너무 일찍 이 생동하는 세상으로 보내졌다.
쩔뚝거리고 추한 나의 모습에
개들이 곁에만 지나가도 짖어댄다.
이 아름답고 평화로운 나날을 즐기는
사랑하는 자가 될 수 없기에
나는 악인이 되기로 굳게 마음먹었다.

—
방문자 센터에 있는 리처드 3세의 초상화

셰익스피어 작품 속의 리처드 3세는 자신을 이렇게 비하한다. 그리고 정상인으로 살 수 없을 바에는 차라리 악인으로 살겠다고 결심한다. 그런데 그는 정말 잔악한 왕이었을까? 정말 몰골이 흉한 꼽추였을까? 그래서 지나가는 개들조차 그를 무시했을까? 레스터에 있는 리처드 3세 방문자 센터는 이런 의문에 답해 준다.

유골 발굴의 기적

리처드 3세 방문자 센터는 그의 유골을 발굴한 자리 위에 세워졌다.

리처드 3세 유골 발굴에 얽힌 이야기는 한 편의 영화처럼 흥미진진하다. 리처드 3세는 장미 전쟁 기간 중 보스워스 전투에서 전사했다. 기록에 따르면 그의 시신은 레스터에 있는 그레이프라이어스Greyfriars 수도원에 묻혔다고 한다. 하지만 그의 무덤에 신경 쓰는 사람은 아무도 없었다. 이미 몰락한 왕조였기 때문이다. 리처드 3세가 묻힌 수도원은 헨리 8세가 수도원 철폐령을 내리면서 없어졌다. 그 후 그 자리에 과수원이 들어서고, 빅토리아 여왕 시대에는 일대가 재건축되면서 아무도 리처드 3세가 묻힌 자리를 알 수 없게 되었다.

그런데 1990년대부터 리처드 3세의 유골을 찾기 위해 동분서주한 사람이 있었다. 필리파 랭글리Philippa Langley라는 아마추어 고고학자였다. 사실 어느 분야에서나 아마추어는 전문가에게는 골치 아픈 존재다. 아마추어가 어설픈 지식으로 혹세무민하는 경우가 너무 많기 때문이다. 우리나라에도 역사적으로나 과학적으로 검증되지 않은 엉터리 주장을 펴는 아마추어 과학자나 역사학자가 얼마나 많은가.

필리파 랭글리는 레스터대학 고고학부에 여러 가지 자료를 주면서 리처드 3세 유골 발굴의 가능성을 역설했다. 하지만 레스터대학 고고학부의 반응은 시큰둥했다. 이들에게 그녀는 별로 상대하고 싶지 않은 골치 아픈 존재일 뿐이었다. "웬 듣보잡이야?" 하면서 "발굴에는 엄청난 돈이 드는데 너 돈 많아?" 뭐 이런 태도를 고수했다.

그런데 이 듣보잡이 큰일을 내고 말았다. 2012년에 한 케이블 방송사로부터 유골 발굴의 전 과정을 독점 취재, 방송한다는 조건으로 4만 파운드의 후원금을 받아 낸 것이다. 필리파 랭글리를 비롯한 아마추어 고고학자들은 수도원이 없어지기 전에 이곳을 방문했던 한 학자가 남긴 기록을 근거로 내밀었다. 그 기록에 따르면 리처드 3세의 시신은 수도원 경당 안에 있는 성가대 단상의 정중앙 자리에 묻혀 있다는 것이다. 이 주장이 어느 정도 신빙성이 있다고 판단한 레스터대학 고고학부는 발굴 작업에 착수했다.

하지만 4만 파운드라는 적은 비용으로 수도원 전체를 파는 것은 불가능한 일이었다. 그래서 가장 유력한 곳 세 군데만 파기로 했다. 첫 번째는 기록에 나오는 수도원의 성가대 단상의 정중앙, 두 번째는 경당 더 안쪽의 제단, 세 번째는 수도원 건물 안쪽이었다. 다행히 세 군데 모두 건물이 아닌 주차장 자리여서 발굴이 훨씬 수월했다.

그러나 이것은 수도원 전체 면적의 17%에 불과했다. 게다가 후원받은 발굴 비용은 그 면적의 1%만 발굴할 수 있는 금액이었다. 발굴이 결정되자 아마추어 고고학자들은 리처드 3세의 한을 푸는 역사적 사건이라며 흥분했지만 정작 발굴을 담당한 레스터대학의 고고학부는 별로 기대하지 않았다. 한강에서 바늘 찾기와 같이 성공 확률이 매우 낮은 모험이라고 생각했기 때문이다. 레스터대학의 고고학과장은 "만약 여기서 리처드 3세의 유골이 발견되면 내 모자를 먹겠다."라고 할 정도였다.

우리말로 하자면 "내 손에 장을 지지겠다."라는 뜻이다. 별다른 기대가 없었던 레스터대학 팀은 그저 장미 전쟁 시대의 수도원을 발굴하는 데 의미를 두려고 했다.

그런데 기적이 일어났다. 첫 번째 발굴 지점에서 사람의 정강이뼈가 나타난 것이다. 즉시 발굴 작업이 중단되었다. 유골을 수습하려면 따로 허가를 받아야 하는데 유골이 나올 거라고는 꿈에도 생각하지 않아서 허가를 받지 않았기 때문이다. 그런데 갑자기 비가 내리기 시작했다. 당황한 발굴팀은 유골을 보호하기 위해 응급조치를 취했다. 유골을 다시 흙으로 덮고 그 위를 비닐로 감싸 놓았다.

그 후 유골 수습 허가를 받고 발굴을 재개하였다. 정강이뼈가 발견된 곳은 기록대로 수도원 경당 내 성가대 단상 한가운데였다. 정강이뼈 근처를 파니 골반뼈와 손발뼈가 나왔다. 골반뼈에서 꼬리뼈를 발굴하고 다시 척추뼈를 발굴했다. 유골은 처참한 상태였다. 척추뼈가 이상한 방향으로 휘어져 있었고, 시신을 그냥 구겨 넣었는지 두개골의 위치도 정상이 아니었다. 유골 여기저기 무기에 찔린 자국이 있었고, 등에서는 화살촉으로 보이는 쇳조각이 나왔다. 유골 이외에 다른 매장품이나 수의로 추정되는 섬유 조직은 없었다. 시신이 옷이 벗겨진 채 매장된 것이다.

법의학이 밝혀낸 유골의 정체

리처드 3세 방문자 센터는 리처드 3세의 유골이 발견된 바로 그 자리에 세워졌다. 지금 왕의 유골은 레스터 대성당에 묻혀 있고, 이곳 전시실에서는 유골을 발굴한 터만 볼 수 있다. 발굴 현장은 유리로 덮여 있는데, 나 같은 보통 사람의 눈에는 그냥 평범한 흙더미로 보일 뿐이다. 하지만 발굴 현장에 있었던 랭글리 여사는 달랐다. 그것을 지켜보며 눈물을 흘렸다. 내가 존경해 마지않는 위대한 왕 리처드 3세께서 이런 처참한 몰골로 수백 년 동안 차가운 땅속에 방치되어 있었다니. 그런 분을 내가 이렇게 모실 수 있게 되다니. 이런 식의 만감이 교차하는 눈물이었을 것이다. 수습된 유골은 국왕의 문장이 새겨진 깃발에 싸여 레스터대학 고고학부로 보내졌다.

랭글리 여사는 그 유골이 리처드 3세라고 확신했지만 학자들에게 속단은 금물이었다. 발굴된 유골이 리처드 3세의 것이라는 보다 확실한 과학적인 증거가 필요했다. 그래서 법의학자와 유전학자, 과학자, 고고학자들이 동원되어 이 유골에 대한 다양한 정보를 분석하기 시작했다.

리처드 3세 방문자 센터에서는 이 과학적 검증 과정과 내용을 대단

—
방문자 센터에 전시된 유골 발굴 현장

히 넓은 공간을 할애해 아주 자세히 보여 준다. 런던의 저명한 법의학
자들은 유골 상태를 면밀히 관찰했다. 그 결과 후두부에 있는 도끼 같은
흉기로 맞은 상처와 칼이나 창처럼 뾰족한 흉기가 뇌를 관통해 반대편
뼈까지 도달한 상처가 결정적인 사망 요인이라는 사실을 밝혀냈다. 리
처드 3세가 송곳 단검으로 머리 쪽을 찔리고 핼버드(미늘창)에 머리 뒷부
분이 잘려 나가 죽었다고 기록된 사료와 거의 일치하는 결과였다. 그 외
에도 여기저기 무기에 찔린 듯한 흔적이 보이는데, 이것은 결정적인 사
망 요인은 아니고 그가 죽은 뒤 왕을 능욕하기 위해 고의로 시신을 훼
손한 것으로 보았다.

—
리처드 3세의 일생을 보여 주는 영상

　　유골의 상처가 옛 기록과 일치하자 시신의 주인이 리처드 3세일 가
능성이 커졌다. 하지만 이 사실을 확정 지으려면 더 확실한 증거가 필요
했다. 바로 유전자 검사다. 그래서 리처드 3세의 후손을 대상으로 유전
자 검사를 하기로 했다. 수백 년이 흘렀는데 어떻게 리처드 3세의 후손
을 찾을 수 있는지 의심하는 사람이 있을 것이다. 그런데 유럽의 왕족이
나 귀족의 후손들은 쉽게 추적할 수 있다. 재산을 분할하거나 상속하는

일이 많아 족보를 누구보다 꼼꼼히 기록했기 때문이다. 교회에 있는 세례증명서나 각종 기록도 추적에 도움이 된다.

이렇게 후손을 추적한 결과 영국에서 목수로 일하고 있는 마이클 입센이라는 16대 후손을 찾는 데 성공했다. 그리고 그 후에 자신이 리처드 3세의 후손이라고 주장하는 제3의 인물이 나타났다. 두 사람 모두 리처드 3세의 부계가 아니라 모계 후손이었다. 일단 조상은 같지만 서로 전혀 모르는 남이었다. 이 두 사람과 리처드 3세 이렇게 세 사람의 유전자 정보가 일치할 확률은 극히 낮아 보였다.

그런데 놀라운 결과가 나왔다. 99.99%의 확률로 이 세 사람의 미토콘드리아 유전자 정보가 일치한다는 결과가 나온 것이다. 게다가 리처드 3세의 미토콘드리아는 유럽 인구 전체에서 겨우 1~2%만 가지고 있는 아주 희귀한 유전자라고 한다. 그런데 서로 남남인 세 사람의 미토콘드리아 유전자가 일치한다는 것은 유골의 주인이 리처드 3세라는 것을 입증하는 확실한 증거가 되는 셈이었다.

리처드 3세 방문자 센터에는 당시 법의학자들이 밝혀낸 다양한 과학적 정보를 정리해 놓은 전시물이 있다. 리처드 3세는 20대의 건장한 육체를 지녔으며(그는 32세에 사망했다), 육류나 생선 같은 단백질 식품을 많이 섭취했던 것으로 드러났다. 전시실에는 발굴된 유골의 복제품이 있는데, 눈에 띄는 것은 심하게 휜 척추뼈였다. 법의학자들은 이것을 보고

척추가 심하게 휘어진 리처드 3세의 유골

발견된 유골을 참고로 복원된
리처드 3세의 얼굴

리처드 3세가 심한 척추측만증을 앓았다는 사실을 밝혀냈다. 그의 키는 170센티미터쯤 되는데 척추측만증 때문에 실제 키보다는 좀 작아 보였을 것이라고 한다. 리처드 3세가 꼽추에다가 한쪽 다리를 절었다는 셰익스피어의 말은 사실이 아닌 것으로 드러났다.

발굴된 두개골을 토대로 복원한 리처드 3세의 두상도 볼 수 있었는데, 포악하고 흉측한 왕이라는 평가와는 달리 의외로 앳된 모습을 하고 있었다. 초상화보다도 훨씬 젊고 부드러운 인상이었다.

530년 만에 치러진 장례식

발견된 유골이 리처드 3세의 것이라는 사실이 밝혀지자 아주 난리가 났다. 유골을 매장할 장소를 두고 레스터시와 요크 가문의 본거지인 요크시 사이에 법적 분쟁이 일어난 것이다. 이 소송에서 법원은 레스터시의 손을 들어주었다. 그리하여 2015년 3월 26일, 리처드 3세는 사후 530년 만에 장례식을 치르게 되었다. 예식은 국장으로 성대하게 치러졌다. 유골이 들어갈 관은 왕의 후손으로 유전자 검사에 참여했던 마이클 입센이 짰다. 공교롭게도 그의 직업이 목수였다. 40억 원가량 소요된 장례식 비용 대부분은 레스터시가 부담했는데, 이는 레스터가 리처

—
장례 행렬이 방문자 센터 앞에 있는 리처드 3세의 동상 앞을 지나가고 있다.

드 3세의 유골로 천문학적인 액수의 관광 수입을 얻었기 때문에 가능한 일이었다. 이렇게 국왕의 예우를 갖춘 장례식을 치른 후 리처드 3세의 유해는 레스터 대성당에 안장되었다.

　리처드 3세의 무덤이 있는 레스터 대성당은 리처드 3세 방문자 센터 맞은편에 있다. 성당과 센터 사이에 리처드 3세의 동상이 서 있는데, 척추측만증으로 살짝 등이 휘어져 있지만 얼핏 보면 전혀 문제가 없는 건장한 청년의 모습을 하고 있다.

수백 년 동안 땅속에 있다가 부활한 리처드 3세가 레스터에 축복을 내린 것일까. 장례식 후, 만년 약세를 면치 못하던 레스터 시티 축구팀이 프리미어리그에서 승승장구하더니 결선에서 창단 132년 만에 처음으로 우승을 차지하는 기적이 일어났다. 굳이 축구팀 우승이 아니더라도 리처드 3세가 레스터에 복을 내린 것은 확실하다. 매년 4만 명에 가까운 관광객을 끌어들여 레스터시에 막대한 수입을 안겨 주고 있으니 말이다.

존왕의
원혼이 떠도는 성

뉴어크성(Newark Castle)

Newark Castle

영국에서 가장 악명 높은 왕에 이어 이번에는 가장 인기 없는 왕을 찾아 나설 차례다. 그 인기 없는 왕이란 바로 존왕King John을 말한다. 존왕이 최후를 맞은 뉴어크성으로 가기 위해 레스터에서 차를 타고 시골길을 달렸다. 창밖으로 펼쳐지는 농촌 풍경이 정겹다. 영국 여행의 묘미는 뭐니 뭐니 해도 차를 타고 시골길을 달리는 것이다. 런던, 케임브리지, 옥스퍼드 같은 도시도 좋지만, 진정으로 영국의 속살을 들여다보고 싶다면 꼭 영국의 시골에 가 보기를 바란다. 예전에 한 유명 작가가 "독일은 도시가, 영국은 시골이 아름답다."라고 말하는 것을 들은 적이 있는데 정말 그렇다. 풍경이 그야말로 예술이다. 어디에나 이름 모를 야생화가 흐드러지게 피어 있고, 키 작은 나무에서부터 터널을 만들 정도로 키 큰 나무에 이르기까지 온갖 종류의 나무들이 양쪽으로 줄지어 서 있다. 특별히 유명한 곳을 가지 않아도 시골길을 달리는 것만으로도 충분히 행복하다. 이건 패키지여행에서는 꿈도 못 꾸는 행복이다. 영국 여행을

—
야생화가 피어 있는 영국의 시골길

생각하고 있다면 반드시 영국의 시골길을 달려 볼 것을, 농가에서 한번
묵어 볼 것을 권한다.

영국 역사상 가장 인기 없는 왕

잉글랜드의 존왕은 정말 인기가 없는 왕이다. 살았을 때나 죽었을 때

나 그가 좋은 왕이었다고 말한 사람은 아무도 없었다. 존왕은 '사자심왕 獅子心王' 리처드의 동생이다. 리처드가 죽은 후 그 뒤를 이어 왕위에 올랐는데, 그때부터 무능력의 극치를 보여 주었다.

존왕은 성격에 심각한 결함이 있었다. 형 리처드는 화가 날 때를 제외하면 성격이 무척 '쿨'한 편이었다. 그러나 이런 형과 달리 그는 매우 오만했으며 의심이 많고 복수심이 강했다. 패자나 약자를 배려하는 정신이 부족한 데다가 무능하기까지 했으니 누가 좋아할까. 영국 작가 찰스 디킨스조차 잉글랜드 전체를 통틀어도 그보다 더 비열하거나 혐오스러운 악당은 없을 거라고 얘기했을 정도다. 이미지가 하도 안 좋아서 역대 왕들은 모두 '존John'이라는 이름을 기피했다. 그래서 같은 이름을 쓴 왕이 없다. 그가 그냥 존왕으로 불리는 이유다.

그런데 그의 아버지 헨리 2세는 막내아들 존을 유난히 예뻐했다. 그는 존에게 땅을 주려고 무진 애를 썼다. 셋째 아들 제프리가 물려받을 땅을 존에게 돌리려는 무리수까지 썼으니 말이다. 하지만 그게 어디 마음대로 되나. 나머지 아들들은 물론 왕비까지 반대하고 나섰다. 할 수 없이 헨리 2세는 전략을 수정하여 존을 돈 많은 글로스터 백작의 상속녀 이사벨라와 약혼시켰다. 당시 존은 열두 살, 이사벨라는 겨우 세 살이었다. 열두 살짜리 존이 세 살짜리 이사벨라에게 첫눈에 반해 청혼했을 리는 만무하고 이는 순전히 왕의 뜻이었는데, 왕이 이렇게 한 것은 이사벨라가 상속받게 될 땅이 욕심나서였다. 하지만 존과 이사벨라는 법적으로 결혼할 수 없는 사이였다. 증조할아버지가 같은 친족이었기 때문이다. 두 사람의 결혼은 근친결혼 금지에 위반되는 것이었다. 그런데도 헨리 2세는 약혼을 밀어붙였다. 그러고는 이사벨라의 언니들의 상속권을 박탈하고 이사벨라를 단독 상속자로 지명했다.

이사벨라가 열여섯 살이던 1189년, 존과 이사벨라는 결혼식을 올렸다. 교황은 마지못해 두 사람의 결혼을 허락했지만, 근친혼은 안 된다는 규정을 들어 둘의 성적인 관계는 금지했다. 아니, 이게 무슨 결혼이야. 한창 왕성할 나이에 이 무슨 가혹한 형벌이란 말인가. 하지만 일개 왕자인 주제에 높으신 분들의 결정에 불복할 수는 없었다. 그래서 이사벨라와 부부인 듯 부부가 아닌 상태로 10년을 보냈다. 그러다가 1199년 존이 왕위에 오르게 되었다. 왕이 되자마자 그가 제일 먼저 한 일은 이사벨라와의 결혼을 무효로 하는 일이었다. 애초부터 두 사람의 결혼을 공식적으로 인정하지 않았던 교회는 존왕의 손을 들어주었다. 이렇게 해서 존왕과 이사벨라는 남남이 되었다. 하지만 존왕은 결혼을 무르면서도 이사벨라가 가져온 땅은 돌려주지 않고 자기가 챙겼다.

이듬해인 1200년, 존왕은 프랑스 귀족인 앙굴렘 가문의 이사벨라와 결혼했다. 두 번째 부인의 이름도 이사벨라다. 그런데 이사벨라는 이미 프랑스 귀족 뤼지냥 가문의 위그 9세와 약혼한 사이였다. 약혼녀를 빼앗겼으니 뤼지냥가家 사람들이 가만히 있을 리 없지. 그들은 주군인 프

랑스 왕 필리프 2세를 찾아가 존왕이 한 짓을 알렸다. 그러자 필리프 2세는 프랑스에 있는 존왕의 땅을 모두 그의 조카인 아서에게 준다고 선언했다. 아서는 존왕의 형 제프리의 아들로 존왕보다 선순위 왕위 계승권자였다.

리들리 스콧 감독, 러셀 크로우 주연의 영화 〈로빈 후드〉를 보면 존왕이 나온다. 여기서도 그는 정말 형편없는 인물로 그려진다. 나라 재정이 어려워지자 백성들에게서 무조건 세금을 많이 걷으라고 명령하고 이에 우려를 표하는 대비에게 "엄마는 맨날 형(리처드 1세)만 예뻐하잖아요."라고 항의했다가 왕비와 대신들 앞에서 뺨을 맞는 수모를 당한다. 그는 프랑스군의 침입으로 정세가 불리해지자 귀족들에게 〈마그나 카르타〉(대헌장)에 서명하겠다고 약속한다. 하지만 다시 상황이 좋아지자 귀족들 앞에서 대헌장 문서를 보란 듯이 불태워 버린다.

영화에서는 존왕이 〈마그나 카르타〉를 불태우는 것으로 나오지만 실제로는 그렇지 않았다. 1215년 존왕은 귀족들의 강요에 못 이겨 마지못해 〈마그나 카르타〉에 서명한다. 귀족들은 왕에게 몇 가지 권리를 포기하고, 법의 절차를 지키며, 왕의 의지가 법으로 제한될 수 있음을 인정하라고 했다. 〈마그나 카르타〉는 왕이 할 수 있는 일과 할 수 없는 일을 문서화해서 전제 군주의 절대 권력에 제동을 건 최초의 시도였다.

뉴어크성에서 최후를 맞은 존왕

강요에 의해 억지로 서명하기는 했지만, 존왕의 기분은 바닥까지 떨어졌다. 〈마그나 카르타〉에 서명하고 윈저성으로 돌아오는 길에 미친

듯이 화를 냈다고 한다. 그 후 그는 대헌장에 적힌 약속들을 지키지 않았다. 교황을 부추겨 이 헌장이 무효라는 교시를 받아내고 자기에게 반기를 드는 귀족들은 파문하도록 했다. 이에 귀족들은 프랑스 왕세자 루이 8세를 잉글랜드의 왕으로 추대하며 반격을 도모했다. 존왕은 용병을 고용해 귀족들과 싸웠다. 그러는 와중에 반란군에게 원저성을 빼앗긴 그는 일정한 주거지도 없이 이리저리 거처를 옮겨 다녔다.

그러던 어느 날, 존왕 일행은 케임브리지셔 위즈비치Wisbech 인근에 있는 워시Wash라는 하구를 건너게 되었다. 이곳은 물에 흘러내리는 모래가 깔려 있어서 밟으면 발이 푹푹 빠지는 위험한 곳이었다. 그래서 썰물 때가 아니면 건너기 힘들었다. 당시 존왕은 용병들과 함께 마차에 자신의 귀중품을 잔뜩 싣고 이동 중이었다. 그런데 짐이 너무 무거웠는지 마차를 끄는 말들의 걸음이 느려졌다. 그렇게 시간이 지체되는 사이 밀물 때가 되었다. 갑자기 파도가 밀려와 귀중품을 실은 마차와 말, 병사들을 집어삼켜 버렸다. 존왕은 눈앞에서 귀중품이 사라지는 꼴을 지켜보아야만 했다.

전쟁과 재산의 손실로 심신이 피폐해진 존왕은 링컨셔의 스와인즈헤드Swineshead 수도원으로 가 휴식을 취했다. 그리고 그다음 날에는 슬리퍼드성Sleaford Castle으로, 또 그다음 날에는 뉴어크성으로 이동했다. 그리고 뉴어크성에서 갑자기 세상을 떠났다. 존왕의 죽음에 대해서는 여러 가지 설이 있다. 스와인즈헤드 수도원에서 음식을 너무 많이 먹어 배

—
우스터 대성당에 있는 존왕의 무덤

탈이 나서 죽었다, 과식으로 속이 좋지 않았는데 그걸 치료한답시고 익힌 고기와 과일주를 먹는 바람에 죽었다, 그냥 이질에 걸려서 죽었다, 누군가에게 독살당해서 죽었다 등등 여러 가지 설이 있다. 존왕의 멍청함을 부각하려고 이런저런 이야기가 만들어졌는데, 이질에 걸려 죽었다는 것이 정설인 것 같다.

존왕은 밤새 고열에 시달렸다. 병세가 점점 악화되자 스스로 더는 살아날 가망이 없다고 생각했는지 마지막으로 교황에게 용서와 신의 자비를 비는 편지를 보냈다. 그리고 1216년 10월, 쉰 살을 일기로 파란만장한 삶을 마감했다.

존왕이 최후의 시간을 보낸 뉴어크성은 잉글랜드 노팅엄셔의 뉴어크온트렌트Newark-on-Trent에 있다. 뉴어크온트렌트는 '트렌트강의 뉴어크'라는 뜻으로, 뉴어크성은 바로 이 트렌트강 가에 있다. 강 건너편에서 성을 바라보면 건물이 제법 그럴듯해 보인다. 지금이라도 고쳐 쓰면 훌륭한 요새로 쓸 수 있을 것 같다. 하지만 길을 돌아 그 반대편으로 가면 풍경이 완전히 달라진다. 강 쪽으로 보이는 건물의 외벽만 남고, 성의 다른 부분은 대부분 허물어져 폐허가 되었기 때문이다. 한때 누구도 넘볼 수 없는 난공불락의 요새로 이름을 떨쳤던 성은 지금 뼈대만 앙상하게 남아 있다. 그 모습이 마치 중세를 배경으로 하는 사극의 거대한 세트장 같아 보였다.

뉴어크성은 10세기에 영주의 요새로 지어졌다. 원래는 목조 건물이었는데, 12세기에 성을 인수한 링컨의 주교가 거대한 석조 건물로 개축했다. 건물을 아주 튼튼하게 지어서 수 세기 동안 여러 차례 공격을 받았지만 끄떡도 하지 않았다.

존왕은 뉴어크성을 아주 사랑했다고 한다. 귀족들이 주도한 반란군과 싸우는 동안 그들에게 성을 빼앗겼지만 이내 충성스러운 왕의 군대

—

존왕이 최후를 맞이한 뉴어크성

가 이를 되찾아 주었다. 존왕은 자기를 도우라는 조건을 내걸고 뉴어크 성을 원래 주인인 링컨의 주교에게 돌려주려 했다. 하지만 주교가 이를 별로 내켜 하지 않았다. 그래서 용병대장에게 성의 관리를 맡겼고, 그로 부터 얼마 후 이 성에서 생을 마감했다.

성의 또 다른 비밀, 지하 감옥

13세기에 들어 뉴어크성은 보다 쾌적한 주거지로 바뀌었다. 벽에 큰 창을 내고 곳곳에 벽난로를 설치해 왕이 언제든 와서 편히 쉴 수 있는 곳으로 만들었다. 잉글랜드의 역대 왕들은 종종 이곳에 와서 편안하고 안전한 시간을 보냈다고 한다.

왕들이 벽난로 앞에서 안락함을 즐기고 있을 때, 성의 다른 공간에서 는 전혀 다른 일이 벌어지고 있었다. 14세기 초 뉴어크성의 지하실은 비 밀 감옥으로 쓰였다. 교황 클레멘스에 의해 이단 선고를 받은 템플 기 사단의 단원들이 이곳에 갇혔다. 감옥은 쉽게 탈출할 수 없는 구조였다. 죄수들이 함부로 도망칠 수 없게 문을 높은 천장에 설치했다. 한 번 들 어가면 다시는 나올 수 없는 '영원한 감옥'이었던 것이다. 지하에는 고 문실도 있다.

—
안뜰에서 바라본 뉴어크성

    뉴어크성은 1642년부터 1651년 사이에 있었던 잉글랜드 내전에서 큰
상처를 입었다. 이 성은 왕당파 군대의 본거지였는데, 크롬웰이 이끄는
의회파 군대가 끈질기게 성을 공격했다. 하지만 왕당파 군대는 크롬웰
군대에 맞서 끝까지 저항했다. 지금 폐허가 된 성에는 그때의 상흔이 고
스란히 남아 있다. 벽 여기저기에 폭발로 인해 검게 그을린 흔적이 있
고, 곳곳에 총알 자국과 포탄 자국도 보인다.

잉글랜드 내전 이후 뉴어크성은 아무도 관심을 보이지 않는 버려진 성이 되었다. 그러다가 19세기에 들어와 폐허를 정비하는 작업이 이루어졌다. 현재 뉴어크성은 트렌트강 쪽으로 나 있는 건물의 외벽과 게이트하우스 그리고 존왕이 숨을 거둔 타워만 남아 있다. 건물 밖에는 빅토리아 양식의 정원이 있으며, 타워에는 존왕의 재위 시절과 그의 죽음에 관한 자료를 전시하는 전시실이 있다. 성과 정원은 무료이고, 비밀 감옥은 입장료를 내야 볼 수 있다. 비밀 감옥으로 들어가려면 고개를 숙인 채 경사가 가파른 사다리를 타야 하기 때문에 편한 신발을 신어야 한다.

벽을 파서 만든 기도실이 있는 감옥은 마치 벌집을 연상케 한다. 사람이 곤경에 처하면 처할수록 신앙심이 깊어지는 법이다. 죽음을 앞둔 템플 기사단원들은 이곳에서 기도하고 찬송가를 부르며 최후의 날을 기다렸다. 그들은 이승에서의 고단한 삶을 마감하면 천국에서의 복된 삶이 열릴 거라고 믿었다. 그리고 그 견고한 신념을 비밀 감옥의 벽에 새겼다. 생명은 유한하나 믿음은 영원하다. 이곳에 갇힌 사람들은 오래전에 죽었으나 그들이 벽에 새긴 십자가와 싱전聖戰의 칼, 기도문 등은 지금도 남아 있다.

뉴어크성은 온갖 풍상을 다 겪은 파란만장한 성이다. 이 성의 역사는 죽음과 살인, 자살, 마법, 반역, 모반으로 점철되어 있다. 그 과정에서 잔혹하게 죽어 간 사람들이 얼마나 많을까. 그들의 억울한 영혼이 이승을 떠나지 못하고 성안을 맴돌고 있다. 예로부터 이 성에서는 과학적으로는 설명할 수 없는 이상한 일이 많이 일어났다고 한다. 성에서 유령을 보았다는 사람도 꽤 있었다. 성의 투어를 담당한 가이드들은 존왕이 죽은 방에서 성 관리인이 자기 목덜미를 잡고 흔들며 경련을 일으키는 모습을 보았다고 증언했다. 그런가 하면 밤에 어딘가에서 사람이 속삭이는 소리를 들었다거나 성가 소리가 크게 메아리치는 것을 들었다는 사람도 있었다. 또 어떤 사람은 벽이 비명을 지르고 고함을 친다고도 했다.

이 말이 사실이라면 뉴어크성은 그다지 매력적인 관광 코스는 아니다. 사람이 살지 않는 폐허에 유령이 나타난다니, 누가 가고 싶을까. 그런데 바로 이 '귀신이 나오는 폐허'를 내세운 역발상의 관광 상품이 있다. 뉴어크성에서의 공포 체험이다. 밤에 성의 이곳저곳을 돌아다니는 귀신 체험인데, 정말이지 뉴어크성은 이런 귀신 놀이를 하기에 딱 좋은 곳이다. 성을 찾은 날 비가 부슬부슬 내리고 있었는데, 그 모습이 그렇게 을씨년스러울 수가 없었다. 낮에도 무서운데 밤에는 오죽할까. 그럼에도 호기심이 생기기는 한다. 밤에 성을 돌아다니다가 어떤 사람의 영혼과 만나게 될까. 어쩌면 존왕의 영혼과 만날지도 몰라. 그는 영화에서 왜 늘 자기는 실제보다 더 나쁜 놈으로 나오냐고 속상해하겠지. 그럼 위로해 주고 싶어. 너무 억울해하지 말라고. 원래 영화가 다 그런 거라고.

—
트렌트강 가에 있는 주택과 배 모양의 펍

"이게 다야? 정말 볼 것 없네."

성을 다 보고 나오면서 이렇게 말하기는 했지만 그렇다고 손해 본 느낌은 들지 않았다. 여행이라는 것이 반드시, 기필코, 죽기 살기로 무엇인가를 '보아야만' 하는 것은 아니니까. 존왕이 최후를 맞은 뉴어크는 나에겐 낯선 도시이다. 나는 이런 곳이 좋다. 관광객이 북적거리지 않는 낯선 도시에서, 그 도시 특유의 낯선 풍광을 즐기는 재미가 남다르다.

—
트렌트강을 바라보며 마시는 맥주 한잔

성에서 나와 트렌트강 일대를 돌아다니다 강가에 있는 배 모양의 펍을 발견했다. 안으로 들어가 강이 바라다보이는 자리에서 맥주를 마셨다. 나는 낯선 도시의 이방인이다. 아! 이방인만이 누릴 수 있는 완벽한 자유와 무상의 시간! 내가 낯선 곳으로의 여행을 좋아하는 이유다.

세기의 스캔들을
품은 곳

채즈워스 하우스
(Chatsworth House)

Chatsworth House

2008년에 개봉한 〈공작부인: 세기의 스캔들The Duchess〉은 공작부인 조지아나 캐번디시의 파란만장한 삶을 그린 실화를 바탕으로 한 영화다. 조지아나 캐번디시는 열일곱 살의 나이에 자기보다 여덟 살 많은 5대 데번셔 공작 윌리엄 캐번디시와 결혼했다. 공작은 돈은 많았으나 남편으로서는 낙제점이었다. 결혼 전에 이미 다른 여자와 딸까지 낳은 전력이 있는 그는 결혼 후에도 제 버릇 개 못 주고 불륜을 일삼았다. 조지아나는 결혼 후에야 남편에게 딸이 있다는 사실을 알고 충격을 받았다. 그러나 생모가 죽자 그 딸을 데려와 자기 자식처럼 사랑으로 키웠다.

그러던 어느 날, 공작부인은 바스에 갔다가 엘리자베스 포스터라는 여자를 알게 되었다. 당시 엘리자베스는 남편과 별거 중이었는데, 딱히 지낼 곳이 없는 데다가 자녀들과도 만나지 못해 경제적으로나 정신적으로나 몹시 힘든 상태였다. 이를 딱하게 여긴 공작부인은 도움의 손길을 뻗었다. 엘리자베스를 자기 집에 데려와 함께 살기로 한 것이다. 그런데 바람둥이 공작이 엘리자베스를 그냥 내버려 둘 리가 없었다. 얼마 지나지 않아 두 사람은 그렇고 그런 사이가 되었고, 공작부인도 그 사실을 알게 되었다. 그런데도 공작부인은 엘리자베스를 내쫓지 않고 함께 살았다. 남편과 부인 그리고 남편의 정부 이렇게 세 사람이 함께 사는 이상한 동거가 시작된 것이다. 이렇게 비정상적인 삼각관계는 당시 사교계에서도 널리 소문이 나 있었다. 여기저기서 참 이해할 수 없는 사람들이라고 수군거렸다.

그런데 사실 엘리자베스에게 공작과의 관계는 일종의 '생계형' 불륜이었다. 공작도 이 점을 내세웠다. 엘리자베스와는 서로 사랑하는 사이가 아니라 단순한 잠자리 파트너에 불과하다고 주장했다. 여하튼 이런 '단순한' 행위에 대한 '당연한' 결과로 두 사람 사이에 아이가 두 명이나 태어났다. 공작부인도 자식을 세 명 낳았다. 그렇게 공작이 혼전에 얻은 아이와 본부인이 낳은 아이, 정부가 낳은 아이 등 같은 성을 가진 '배다른' 아이들이 한데 어우러져 살았다.

공작부인은 결혼 생활에서 이루지 못한 자아실현을 사교계 활동을 통해 이루고자 했다. 그녀는 빼어난 미모에다가 패션 감각도 남달랐고 문학과 정치에 대한 조예도 깊었다. 여성에게 참정권이 부여되기 백 년 전이었음에도 불구하고 매우 활발한 정치 활동을 벌였다.

당시 스펜서 가문과 캐번디시 가문은 휘그당을 지지했다. 그런데 공작부인이 휘그당 사람들과 어울리다가 그만 찰스 그레이라는 전도유망한 젊은 정치인과 사랑에 빠지고 말았다. 그의 아이를 가진 공작부인은 몰래 프랑스로 건너가 딸을 낳았다. 딸의 이름은 일라이자였는데, 일라이자는 태어나자마자 찰스 그레이의 아버지에게 인도되어 그레이 가문의 자식으로 자랐다. 공작부인은 틈날 때마다 일라이자를 찾았지만 세상을 떠날 때까지 자기가 생모라는 사실은 숨겼다고 한다.

데번셔 공작은 이런 일이 있었음에도 결혼 생활을 유지하고자 했다. 그는 부인에게 그레이와 계속 만난다면 아이들을 영원히 못 보게 할 것이라고 협박했다. 이 말에 공작부인은 그레이와의 관계를 정리하고 가정으로 돌아왔다. 그 후 그레이도 다른 여자와 결혼했다. 그리고 데번셔 공작은 부인이 죽은 후 엘리자베스 포스터와 재혼했다.

한편 공작부인은 도박 중독자였다. 도박하느라고 빚을 많이 져서 남편 몰래 친정 부모에게 빚을 갚아 달라고 여러 번 부탁하기도 했다. 그러면서 염치가 없었는지 남편에게는 빚이 얼마인지 계속 숨겼다. 공작도 굳이 알려고 하지 않았다. 막연히 빚이 많다는 것은 짐작하고 있었지만 그로서는 진실을 대면하기가 두려웠을 것이다. 여하튼 공작은 그녀가 죽은 후에야 빚이 정확히 얼마인지 알 수 있었다. 현재 가치로 372만 파운드(한화로 약 57억 4천만 원)에 달했는데, 공작이 "이게 전부야?"라고 자조적으로 물었다는 이야기가 유명하다. 공작은 이 빚을 다 갚지 못하고 죽었다. 그 후 하나뿐인 아들이 이 달갑지 않은 임무를 완수했다.

영화 〈공작부인〉의 주인공 조지아나가 딸과 함께 채즈워스 하우스의 정원에 앉아 있다.

영화 〈공작부인: 세기의 스캔들〉을 보면 공작부인이 어린 딸과 함께 잔디밭에서 즐거운 시간을 보내는 장면이 나온다. 그 잔디밭 뒤로 아름다운 저택이 보이는데, 그것이 바로 채즈워스 하우스이다. 채즈워스 하우스는 피크 디스트릭트Peak District가 있는 더비셔Derbyshire주에 있다. 데번셔 공작부인이 실제로 살았던 집으로, 바로 여기서 그녀의 영화 같은 삶이 펼쳐졌다.

이 집은 여배우 키이라 나이틀리와 특히 인연이 깊다. 그녀가 주연한 두 편의 영화 〈공작부인: 세기의 스캔들〉과 〈오만과 편견〉을 모두 여기서 찍었기 때문이다. 〈공작부인: 세기의 스캔들〉은 건물 밖에서만 촬영하고, 정작 실내 장면은 다른 곳에서 찍었다. 〈오만과 편견〉에서는 채즈워스 하우스가 다아시의 저택으로 나온다. 외삼촌 부부와 피크 디스트릭트를 여행하다가 근처에 있는 다아시의 저택을 찾은 엘리자베스는 마차를 타고 큰 연못이 있는 정원으로 들어선 순간부터 그 엄청난 규모에 입을 다물지 못한다. 저택에 들어서자마자 화려한 벽화와 천장화가 그려진 거대한 계단이 엘리자베스 일행을 맞는다. 생전 처음 보는 호사스러운 광경에 엘리자베스의 눈이 휘둥그레진다.

프레스코화로 장식한 벽과 천장

〈오만과 편견〉의 엘리자베스처럼 채즈워스 하우스를 찾는 관람객 역시 이 계단을 보면 심리적으로 완전히 압도당하고 만다. 엄청나게 높은 벽과 천장에 휘황찬란한 그림이 그려져 있는데, 프랑스 화가 루이 라게르Louis Laguerre가 그린 것이다. 벽에는 율리우스 카이사르의 삶과 죽음을 묘사한 장면이, 천장에는 죽은 카이사르가 하늘로 승천하는 장면이

채즈워스 하우스에 들어가자마자 나오는 거대한 홀. 벽과 천장에는 루이 라게르의 그림이 그려져 있다.

그려져 있다. 죽은 카이사르를 예수와 동급으로 표현한 일종의 알레고리이다.

채즈워스 하우스를 보면 17~18세기 영국 왕족과 귀족들의 예술적 취향을 엿볼 수 있다. 당시 귀족들은 자신의 저택과 궁전을 신화 이야기나 역사적인 장면을 담은 프레스코화로 장식하는 것을 좋아했다. 그래서 당대의 유명 화가들을 앞다투어 고용해 벽화나 천장화를 그리게 했다.

채즈워스 하우스를 장식하는 데는 앞서 소개한 루이 라게르 외에 안토니오 베리오Antonio Verrio, 제임스 손힐 경St. James Thornhill 등 이 분야 최고의 화가들이 동원되었다. 이렇게 내로라하는 화가들을 고용한 것만 봐도 캐번디시 가문의 재력이 얼마나 막강했는지 알 수 있다.

채즈워스 하우스의 프레스코화는 그야말로 환상 그 자체였다. 그동안 유럽을 여행하며 프레스코화를 수없이 많이 보았지만 이렇게 화려하고 역동적인 것은 처음이었다. 그냥 벽과 천장이 살아 움직이는 느낌이었다. 이런 대가들의 걸작을 한 번에 볼 수 있다는 것이 채즈워스 하우스의 매력이 아닐까 싶다.

거대한 계단을 올라가면 청동의 머큐리상을 바라보며 올라가는 또 다른 계단이 나온다. 천장에는 안토니오 베리오가 그린 〈세멜레의 승리〉가 있고, 그 밑 벽에는 아폴로와 미네르바, 루크레티아의 석상이 서 있다. 석상 옆에 삽화처럼 그려 넣은 벽화가 눈에 띈다. 그런데 프레임이 없는 데다가 그림자까지 있어서 그런지 신기하게 그림이 공중에 붕 떠 있는 듯한 느낌을 준다.

위층에 있는 그레이트 체임버Great Chamber의 천장에는 베리오가 그린 〈황금시대의 귀환: 신들의 모임〉이 있고, 그레이트 뮤직 룸Great Music Room의 천장에는 라게르의 〈파에톤과 아폴로〉가 있다. 뮤직 룸이라는 이름에 어울리게 이 방에는 두 단 건반의 하프시코드가 있다. 그리고 러

안토니오 베리오의 〈세멜레의 승리〉가 그려진 계단 천장(왼쪽)과 착시 기법을 이용해 진짜 바이올린처럼 보이는 얀 반 데르 바르트의 바이올린 그림(오른쪽)

시아의 니콜라스 황제가 조지 3세에게 즉위 기념으로 선물한 초록색 테이블도 보인다.

한편 이 방에는 아주 신기한 볼거리가 하나 있다. 반쯤 열려 있는 문 뒤로 또 다른 문 하나가 있는데, 거기에 바이올린이 걸려 있는 것이 보인다. 하지만 문에 걸려 있는 바이올린을 손으로 잡으려 하는 순간 당황하게 된다. 진짜 바이올린이 아니기 때문이다. 진짜처럼 보이게 그린 그림이다. 그런데 얼마나 똑같이 그렸는지 살짝 거리를 두고 보면 진짜 바이올린이 걸려 있는 것 같다. 네덜란드 화가 얀 반 데르 바르트Jan van der Vaart가 그린 이 그림은 이른바 착시 기법Trompe L'oeil의 대표작으로 꼽힌다. 착시 기법은 대상을 지극히 사실적으로 묘사해 보는 이에게 그것이 실물처럼 보이도록 하는 기법을 말한다.

침실만큼이나 은밀한 공간인 전실Painted Antechamber로 들어서면 또 다른 위대한 작품과 만나게 된다. 제임스 손힐 경의 〈신들의 모임〉과 〈능욕당하는 사비니 여인들〉이다. 두 작품 모두 화가들이 즐겨 다루는 소재이다. 라게르와 베리오, 손힐은 모두 채즈워스 하우스의 천장에 신들을 불러 모았다. 손힐이 전실 천장에 불러 모은 신들은 로물루스를 신으로 승격시키는 의식을 치르고 있다. 벽에는 로마의 습격을 받은 사비니 여인들이 능욕당하는 장면이 그려져 있다. 그래서 이 방을 사빈 룸Sabine Room이라 부른다.

—

사빈 룸 천장에 그려진 손힐 경의 〈신들의 모임〉

나는 이 방을 장식한 손힐 경의 작품에 단번에 매료되고 말았다. 앞에서 얘기한 두 화가도 그렇지만 이 대가들의 그림에 등장하는 신이나 천사, 인간들은 종종 프레임 밖으로 벗어나려는 강력한 의지를 보여 준다. 화가들이 자기들이 프레임을 그려 놓고, 그 프레임을 거부하게 만들어 놓은 것이다. 프레임을 뚫고 하늘로 치솟아 오르기도 하고, 지상으로 쏟아져 내리기도 한다. 사빈 룸의 그림에서는 하늘로 치솟는 상승의 에너

—
중국제 벽지로 장식된 메리 여왕의 침실

지가 너무나 강렬했다. 그 효과가 어찌나 드라마틱하던지 한동안 넋을 잃고 바라보았다.

사빈 룸에서 나오면 보다 더 은밀한 공간인 개인 침실이 나온다. 스코틀랜드의 메리 여왕이 1570년부터 1581년까지 묵었던 방이다. 잉글랜드 여왕인 엘리자베스 1세는 신하들의 반대에도 불구하고 무려 18년 동안이나 메리를 살려 두었다. 여왕은 채즈워스 하우스의 안주인 하드윅의 베스Bess of Hardwick와 결혼한 6대 슈루즈베리 백작 조지 탤벗George Talbot에게 메리를 감시하는 역할을 맡겼다. 그래서 메리 여왕이 채즈워스 하우스에 살게 된 것이다. 유배 생활이라고는 하지만 이동의 제약이 있을 뿐 생활 자체는 자유로웠다고 한다.

메리 여왕의 방 옆에는 웰링턴의 드레스 룸과 베드룸이 있는데, 이는 1843년 겨울, 빅토리아 여왕을 만나기 위해 이곳을 방문한 웰링턴 공작의 이름을 따서 지은 것이다. 메리 여왕의 방과 웰링턴 공작의 방 모두 벽에 꽃과 나뭇잎, 나뭇가지, 새들이 그려진 아름다운 벽지가 발라져 있다. 이것은 중국 벽지인데, 집 곳곳에서 발견되는 중국 도자기나 가구와 함께 17~18세기 유럽을 휩쓸었던 동양 열풍의 일면을 보여 준다.

채즈워스 하우스에서 또 하나 볼 만한 공간은 조각상 갤러리Sculpture Gallery이다. 여기에는 아주 우아하고 아름다운 대리석 조각상이 많이 있는데, 그중 단연 눈에 띄는 것은 라파엘레 몬티Rafaelle Monti의 〈베일을 쓴 베스타 여신 성녀〉이다. 영화 〈오만과 편견〉에서 엘리자베스가 촉촉한 눈빛으로 황홀하게 바라보던 바로 그 작품이다. 이 작품을 보면 정말 감탄하지 않을 수 없다. 어떻게 대리석이라는 딱딱한 물질로 이토록 섬세한 베일의 느낌을 낼 수 있을까. 처녀가 진짜 베일을 쓰고 있는 것 같다. 세상에서 가장 아름답고 순수한 처녀의 모습이 바로 이런 것이 아닐까. 이 조각상은 제6대 데번셔 공작이 1846년 이탈리아에 가서 직접 주

대리석 조각상들을 모아 놓은 갤러리

문해서 가져온 것이라고 한다.

건물을 모두 둘러보고 밖으로 나오니 눈앞에 장대한 정원이 펼쳐진다. 거대한 인공 호수와 폭포, 작은 시냇물처럼 위에서 아래로 졸졸 흐르는 아기자기한 물길, 찬란한 빛깔의 꽃과 나무들, 곳곳에 설치된 조각과 조형물까지 모든 것이 완벽한 조화를 이루고 있었다. 정원을 다 돌아보는 데에도 꽤 오랜 시간이 걸렸다.

이렇게 멋진 저택에서 살았음에도 불구하고 공작부인 조지아나 캐번디시는 행복하지 않았던 걸까. 그래서 다른 남자와 불륜을 저지르고 도박에 빠졌던 것일까. 그의 불륜 상대였던 찰스 그레이는 정치인으로 승승장구해서 나중에 영국 총리까지 되었다. 이건 여담인데 요즘 우리가 즐겨 마시는 얼 그레이 차가 바로 그의 아이디어에서 나온 것이라고 한다. 새콤하고 쌉싸름한 풍미를 가진 이 차는 찻잎에 소량의 베르가모트 오일과 향을 첨가한 것으로 찰스 그레이가 영국 총리로 있을 때 리처드 트와이닝Richard Twining이라는 차 상인에게 의뢰해서 만든 것이다.

정원을 돌아본 후 카페에 있는 야외 테이블에 앉아 아이스크림을 먹었다. 날씨가 기막히게 좋았는데, 지금 생각해 보니 그날 아이스크림 대신 차가운 얼 그레이 차를 마실 걸 그랬나 보다.

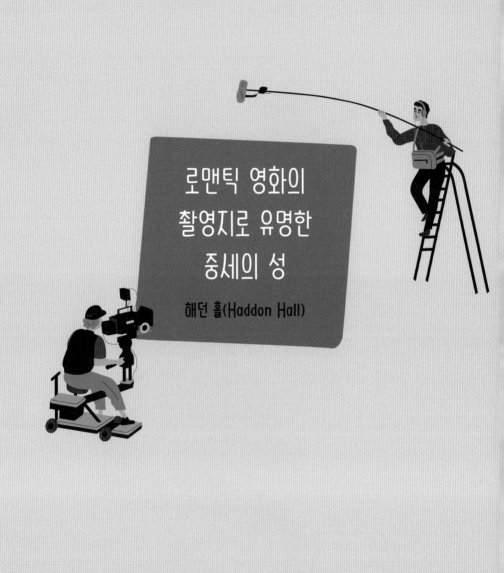

로맨틱 영화의
촬영지로 유명한
중세의 성

해던 홀(Haddon Hall)

Haddon Hall

만약 어느 날 남편으로부터 "나 사실은 시골에 성城이 하나 있어."라는 말을 듣는다면 기분이 어떨까? 그 성에서 한번 살아 보고 싶지 않을까? 복잡한 도시를 홀연히 떠나 멋진 성의 여주인이 되는 것이다. 내 생애에는 죽었다 깨어나도 일어날 수 없는 일이지만 이런 꿈을 실현한 사람이 있다. 매너스 가문의 후손 에드워드 매너스Edward Manners의 부인 가브리엘Gabrielle이다.

"에드워드로부터 시골에 성이 있다는 얘기는 들었어요. 사진으로 보기는 했지만 직접 찾아가기 전까지는 성이 어떻게 생겼는지도 몰랐지요. 성을 처음 찾아간 때가 겨울이었는데, 춥고 어둡고 조용하면서도 아름다웠어요."

여기서 그녀가 말한 성은 더비셔주 베이크웰Bakewell에 있는 해던 홀이다. 12세기 영주의 저택으로 지어진 이 성은 1700년에 매너스 가문 사람들이 집을 떠난 후 무려 300년 가까이 비어 있었다. 앤 여왕 시대

—
정원에서 바라본 해던 홀

이후로 사람이 살지 않았던 것이다. 그런데 1999년 매너스 가문의 후손인 에드워드 매너스 부부가 두 살짜리 쌍둥이 아들과 함께 이곳으로 이사를 왔다. 그리고 오랫동안 방치된 성을 갈고 닦았다.

12세기에 영주의 저택으로 지어진 해던 홀은 고풍스러운 자태와 독특한 건축 양식, 엘리자베스 시대풍의 테라스가 있는 아름다운 정원이 있어 로맨틱 영화의 촬영지로 널리 사랑받았다. 〈제인 에어Jane Eyre〉

를 비롯하여 〈메리, 퀸 오브 스코틀랜드〉, 〈엘리자베스〉, 〈오만과 편견〉, 〈천일의 스캔들〉, 〈프린세스 다이어리〉, 〈셰익스피어 인 러브〉 외에도 수많은 영화와 드라마가 해던 홀에서 촬영되었다. 이 중에서 해던 홀과 가장 인연이 깊은 영화는 〈제인 에어〉다. 각기 다른 감독이 만든 세 편의 영화가 모두 이곳에서 촬영되었기 때문이다.

전설로 내려오는 사랑 이야기

영화 〈제인 에어〉에서 해던 홀은 제인 에어가 가정교사로 일하는 로체스터 가문의 손필드 저택으로 나온다. 소설 속의 손필드 저택은 음산한 분위기를 지닌 곳이지만 실제로 본 해던 홀은 음산함과는 거리가 멀었다. 물론 건물 외관 자체는 칙칙하고 가라앉은 느낌을 준다. 그런데 그 칙칙함을 상쇄해 주는 것이 있었다. 바로 건물 외관을 덮고 흐드러지게 피어 있는 화려한 빛깔의 덩굴장미였다. 이 덩굴장미 덕분에 투박한 고성古城은 매해 5월이면 새롭게 태어난다. 시간의 무게가 켜켜이 쌓인 돌벽이 갑자기 발랄하게 깨어나는 것이다.

유서 깊은 건물이나 장소 중에는 전설이 깃든 곳이 많다. 해던 홀도

영화 〈제인 에어〉에 나오는 해던 홀의 정원

해던 홀의 외벽을 화려하게 장식하는 덩굴장미

그런 곳 중 하나다. 전설의 주인공은 16세기에 이곳에 살았던 해던 홀의 상속녀 도로시 버논Dorothy Vernon이다. 그녀는 열여덟 살의 어린 나이에 존 매너스John Manners라는 청년과 사랑의 도피 행각을 벌였다.

도로시가 속한 버논 가문은 12세기부터 해던 홀을 소유해 온 유서 깊은 가문이었다. 도로시는 조지 버논 경의 딸로, 아버지가 죽으면 해던 홀을 상속받게 되어 있었다. 아마 조지 버논 경은 딸이 번듯한 남자와 결혼하기를 원했던 것 같다. 그런데 아버지의 바람과 달리 도로시는 제1대 러틀랜드 백작 토머스 매너스의 아들 존 매너스와 사랑에 빠졌다. 두 사람은 육촌지간이었다. 버논 경은 두 가지 이유로 두 사람의 결합을 반대했다. 버논 가문은 가톨릭인데 매너스 가문은 개신교라는 것과 존이 장남이 아닌 차남이라는 것 때문이다. 당시 영국에서 차남은 유산 상속은 물론 귀족 작위도 물려받지 못했다. 버논 경은 딸을 무일푼이 될 것이 뻔한 남자와 결혼시킬 수 없었다. 그래서 두 사람의 결혼을 반대했다.

그런데 사람의 심리라는 것이 이상해서 사랑에 빠진 남녀는 주변에서 반대하면 할수록 자기들의 사랑을 운명적 사랑, 우주적 사랑으로 착각하는 경향이 있다. 도로시와 존이 그랬다. 아버지의 반대에 부딪힌 두 사람은 의기투합해서 사랑의 도피 행각을 벌이기로 했다. 해던 홀의 넓은 홀에서 시끌벅적한 파티가 벌어지고 있던 어느 날 밤, 도로시는 손님들로 북새통을 이룬 연회장을 몰래 빠져나왔다. 그리고 정원을 가로질러 존이 기다리고 있는 다리로 달려갔다.

딸이 남자에 눈이 멀어 사랑의 도피 행각을 벌인 것에 대해 버논 경이 어떤 반응을 보였는지는 잘 알려지지 않았다. 여하튼 두 사람은 1563년 결혼식을 올렸다. 기록은 남아 있지 않지만 두 사람의 결혼식은 레스터셔 에일스톤Aylestone에 있는 존 매너스의 집이나 베이크웰에 있는 교회 아니면 해던 홀의 예배당에서 치러졌을 것으로 추측된다.

그런데 오랜 세월 동안 이야기가 전해 내려오다 보면 중간에 여러 가지 사실이 아닌 것이 끼어들게 마련이다. 도로시와 존의 사랑 이야기도 그렇다. 역사가들의 말에 따르면 정말로 버논 경이 두 사람의 결혼을 반대했는지도 의문이고, 설혹 정말로 반대했더라도 금세 용서했을 것이라고 한다. 버논 경은 두 사람이 결혼식을 올린 지 2년째 되던 해에 죽었는데, 이때 도로시에게 자신의 영지를 물려주었기 때문이다.

도로시와 존 부부는 적어도 두 명 이상의 자식을 낳은 것으로 알려져 있다. 도로시는 1584년 마흔 살의 나이로 세상을 떠나 베이크웰에 있는 버논 채플Vernon Chapel에 묻혔고, 존은 1611년에 도로시와 같은 곳에 묻혔다. 이후 부부의 장남인 조지 매너스가 해던 홀을 물려받았다. 이렇게 해서 버논 가문의 해던 홀이 매너스 가문의 소유가 된 것이다.

중세 귀족의 장식 취미를 엿볼 수 있는 곳

해던 홀에서 영화 〈제인 에어〉와 가장 연관이 깊은 장소는 예배당 Chapel이다. 영화를 본 사람이라면 누구나 이 예배당을 기억할 것이다. 영화에서 이곳은 지금까지 전개되어 온 스토리가 반전하는 매우 극적인 공간이다. 제인 에어와 로체스터가 결혼 서약을 하려는 순간, 한 남자가 나타나 로체스터가 이미 결혼한 사람이라는 사실을 폭로했기 때

예배당 벽면을 가득 메운 아름다운 프레스코화

문이다. 그 순간 제인 에어의 행복도 물거품처럼 사라지고 만다.

예배당의 흰 벽에는 프레스코화가 그려져 있다. 어찌나 화려한지 벽을 가득 메운 현란한 나뭇가지와 나뭇잎 무늬에 정신이 아찔할 정도다. 이 프레스코화는 15세기 초반 리처드 버논 6세가 의뢰해 제작한 것으로 원래는 이보다 훨씬 색상이 화려했다고 한다. 그런데 종교 개혁 때 지워지거나 파손되는 수모를 겪으면서 본래의 색상을 잃었다. 지금은 복원

되었지만 본래의 밝은 색상을 완전히 되찾은 것은 아니다. 문과 아치 위에 그려진 파괴의 손길을 피한 그림에서 원본의 화려함을 엿볼 수 있다.

프레스코화에는 순례자들의 성자인 성 크리스토퍼의 모습이 보인다. 남쪽 벽에는 세 개의 해골이 그려져 있는데, 이것은 세 명의 왕이 포함된 훨씬 큰 그림의 일부일 것으로 추정된다. 현세의 무상함에 대한 도덕률을 설파하기 위해 중세의 가르침을 세 개의 해골로 표현했다.

설교대에는 성 니콜라스와 성 안나의 삶을 묘사한 그림이 있다. 성 니콜라스가 폭풍우를 잠재우는 장면과 어린아이 세 명을 부활시키는 장면, 성 크리스토퍼가 예수를 옮기는 장면도 보인다.

신도석 옆에는 흰 대리석으로 만든 소년의 조각상이 누워 있다. 석상의 주인공은 해던 홀의 주인이었던 제8대 러틀랜드 공작의 아들 로버트 찰스 존 매너스이다. 아들이 아홉 살에 세상을 떠나자 슬픔에 빠진 어머니 바이올렛이 아들의 조각상이 있는 무덤을 만들어 비버성Belvoir Castle에 안치했다. 여기에 있는 것은 그 무덤의 복제품이다.

해던 홀에는 역사적으로나 예술적으로 의미 있는 태피스트리가 많다. 잉글랜드 왕실 문장의 태피스트리 외에 이솝 우화에 빗대어 인간의 시각, 청각, 후각, 미각, 촉각을 묘사한 이른바 '오감five senses' 시리즈가 유명하다. 이 오감 시리즈는 17세기 초 모트레이크 공방의 프랜시스 클레인Francis Cleyn이 찰스 1세를 위해 제작한 것이다. '시각'을 주제로 한 태피스트리에서는 한 여자가 거울에 자신의 모습을 비추어 보고 있고, 그 옆에 시각이 매우 발달한 독수리가 있다. '청각'에서는 여자가 비올이라는 현악기를 뜯으며 노래하고 있고, 그 옆에 청각이 뛰어난 사슴이 있다. '후각'에서는 여자가 장미 향기를 맡고 있고, 개가 꽃병에 코를 들이밀고 냄새를 맡고 있다. '미각'에서는 여자가 사과를 먹고 있고, 원숭이가 과일 바구니에 담긴 과일을 맛보고 있다. '촉각'에서는 비스듬히 누운 여자가 손에는 새를 들고, 팔을 거북이 등에 올려놓고 있다.

해던 홀의 그레이트 체임버는 1545년 조지 버논 경 시대에 지어졌다. 벽난로에 조지 버논의 이니셜인 GV와 부인 이름의 이니셜인 MV가 나란히 있는 것이 보인다. 벽난로 바로 위에는 "신을 두려워하고 왕에게 영광을 돌려라."라는 성경 구절이 있고, 그 바로 위에 튜더 가문의 문장과 웨일스 왕자의 깃털이 미래의 왕 에드워드 6세를 나타내는 EP라는 이니셜과 함께 새겨져 있다. 창문의 벽감에는 궁정 광대 윌 소머스Will Sommers와 헨리 7세, 그의 왕비 엘리자베스의 두상도 있다.

백작의 아파트먼트The Earl's Apartment는 러틀랜드 백작이 1703년 비버성으로 이사 가기 전까지 침실로 사용하던 곳이다. 벽난로의 회반죽을 바른 곳에 이곳을 다녀간 왕실 가족들의 사인이 있다. 1933년에는 조지 5세, 1979년에는 찰스 왕세자와 앤 공주가 이곳을 다녀갔음을 알 수 있다.

—
해던 홀에서 가장 중요한 공간인 롱 갤러리

롱 갤러리는 해던 홀에서 가장 크고 가장 아름다운 방인데, 앞에서 말한 영화의 실내 장면은 대부분 이곳에서 촬영되었다. 통상적으로 건축에서 롱 갤러리는 복도처럼 길고 좁은 방을 말한다. 영국에서는 특히 엘리자베스 시대나 제임스 1세 시대의 건축에서 롱 갤러리가 인기를 끌었다. 롱 갤러리는 저택의 2층에 자리 잡고 있으며, 대개는 건물 전체의 정면을 가로지르는 형태로 지어졌다.

해던 홀의 롱 갤러리는 도로시와 존이 만들었으며 길이가 110피트, 넓이가 17피트에 달한다. 창이 많아서 밝고 아늑하다. 아름답게 조각된 목재 패널이 흰색 천장과 어우러져 정교함과 우아함이 넘친다. 허장성세를 부리지 않으면서도 끝내 아름다움을 포기하지는 않겠다는 강력한 의지를 보여 주는 장식이다. 집주인 가족은 더비셔의 혹독한 추위를 피해 이곳에서 걷기 운동을 하거나 오락을 하고 수를 놓거나 파티를 열었다. 2층에 있어서 창밖으로 정원이나 근처 시골 풍경을 바라볼 수 있다.

정원에 펼쳐진 꽃들의 향연

실내를 다 보고 정원으로 나오자 눈앞에 전혀 다른 세계가 펼쳐진다. 건물에 드리워진 중세적 음영을 상쇄하듯 정원의 꽃과 나무들이 이루 말할 수 없이 화려하고 현란한 빛을 발산하고 있다.

해던 홀이 있는 와이 계곡Wye Valley은 석회암으로 이뤄진 화이트 피크White Peak와 사암으로 이뤄진 다크 피크Dark Peak가 만나는 곳으로 토질이 매우 나쁜 곳으로 유명하다. 이렇게 척박한 땅에 꽃을 피우기 위해 정원사들이 사시사철 자연과 사투를 벌인다. 그들의 노력으로 3월부터 6월 중순까지 수선화, 튤립, 벚꽃, 장미, 델피니움, 클레마티스를 비롯

—
높은 곳에 조성된 테라스 정원

한 각종 꽃이 피어난다. 3월에 피는 수선화와 튤립은 물론 그 전해 가을에 심어 놓은 것이다. 벚꽃이 지고 나면 덩굴장미와 클레마티스가 핀다. 4월부터 6월 중순까지 델피니움을 피우기 위해 정원사들은 엄청난 양의 물을 쏟아붓고, 끊임없이 출몰하는 달팽이들과 전쟁을 벌인다. 6월 중순에 이르면 꽃의 향연이 그야말로 절정에 이른다. 40여 종에 달하는 색색의 델피니움이 앞다투어 피어난다.

해남 윤 을 정원에서 내려다본 다리 풍경

정원에서 밑을 내려다보았다. 멀리 초록의 들과 그 옆을 흐르는 시냇물 그리고 작은 다리가 눈에 들어온다. 영화 〈제인 에어〉에서 제인과 로체스터가 달콤한 대사를 주고받으며 서로에 대한 사랑을 확인하던 곳, 사랑의 도피 행각을 벌인 도로시가 군중 사이를 빠져나와 사랑하는 존과 만났던 바로 그 다리다.

다리가 바라다보이는 계단에 앉아 주변을 둘러보니 돌 틈을 비집고 올라온 이름 모를 하얀 꽃들이 흐드러지게 피어 있다. 이렇게 꽃의 향연이 절정을 이루는 시기에 해던 홀을 찾았으니 이 얼마나 행운인가. 날씨는 또 어찌나 좋은지. 정말 여기가 천국인가 하는 생각이 들었다. 해던 홀은 반드시 덩굴장미를 비롯한 온갖 꽃들이 화려하게 피어나는 5월이나 6월에 찾아야 한다. 그래야 오랜 시간 침잠해 있다가 깨어난 해던 홀의 진면목을 볼 수 있다.

절벽의 끝에서
바람을 맞다

피크 디스트릭트(Peak District)
셔우드 숲(Sherwood Forest)

Peak District

Sherwood Forest

"대자연에 비하면 인간은 하찮은 존재지."

영화 〈오만과 편견〉에서 엘리자베스의 외삼촌은 다아시의 청혼을 거절한 후 심란한 마음으로 하루하루를 보내고 있는 엘리자베스에게 이렇게 말한다. 대자연을 보고 나면 인간사가 모두 하찮게 느껴질 것이라는 말이다. 그렇게 해서 엘리자베스는 외삼촌 부부와 함께 피크 디스트릭트로 여행을 떠난다.

피크 디스트릭트는 잉글랜드 북부와 스코틀랜드를 가르는 페나인산맥 남쪽에 있는 영국 최초의 국립공원이다. 해발 300미터에 위치한 이 탄지泥炭地로 사암 지역을 다크 피크, 석회암 지역을 화이트 피크라고 한다. 맨체스터, 스토크온트렌트, 더비, 셰필드와 가까운 데다가 암벽 등반, 하이킹, 사이클링 등 다양한 산악 스포츠를 즐길 수 있어 매년 수백만 명의 사람들이 이곳을 찾는다. 워낙 넓은 지역에 걸쳐 있어서 피크 디스트릭트를 하루 만에 돌아보는 것은 불가능에 가깝다. 이곳을 제대

—
피크 디스트릭트의 거점 마을 베이크웰

로 즐기려면 적어도 일주일은 머물면서 이리저리 둘러보아야 한다. 인기 있는 트래킹 코스만 해도 수십 개나 되기 때문이다.

　피크 디스트릭트에 가는 사람들은 대개 베이크웰에 숙소를 잡는다. 베이크웰은 피크 디스트릭트 안에 있는 유일한 마을이다. 매년 수많은 사람이 피크 디스트릭트에 가기 위해 이곳을 찾지만 정작 마을 규모는 아주 작다. 광장이 있는 중심가를 제외하고는 길이 얼마나 좁은지 차 두

대가 마주 보고 지나가기도 어려울 정도다. 우리가 잡은 숙소는 1층에 펍 레스토랑이 있는 아주 오래된 호텔이었다. 숙박료가 꽤 비쌌음에도 상태는 아주 열악했다. 2층으로 올라가는 계단은 금방이라도 무너질 듯이 삐걱거렸고, 객실 역시 비좁고 추웠다. 다음 날 조식으로 제공된 영국식 아침 식사는 기대(?)를 저버리지 않는 맛이었다.

숙소를 떠나 더웬트Derwent 저수지로 향했다. 인공 저수지가 뭐 볼 게 있겠냐고 생각하겠지만《빌 브라이슨 발칙한 영국산책 2》에 이 저수지에 관한 이야기가 하도 자세히 나와서 한번 보고 싶었다. 저수지는 그냥 평범했다. 저수지에는 "매년 영국에서 100명이 넘는 사람이 물에 빠져 죽으니 당신이 다음 차례가 되지 않도록 조심하라"는 경고문이 붙어 있었다. 남의 나라에 와서 물귀신이 되면 안 되겠지. 그래서 물에서 멀찌감치 떨어져서 걸었다. 위로 올라갈수록 물길이 좁아지면서 자연스러운 경치가 펼쳐진다. 이 경치에 양들은 필수조건이다. 여기저기 양들이 풀을 뜯고 있는 것이 보인다.

더웬트 저수지 인근에는 레이디바워Ladybower 저수지가 있다. 여기에는 비가 오면 물이 흘러넘치면서 멋진 장관을 연출하는 거대한 구멍이 있다. 상류의 하우덴Howden 저수지와 그 밑의 더웬트 저수지에서 흘러넘친 물을 댐에 저장하고 더웬트강으로 흘려보내려고 만든 배수구다. 생긴 모양이 플러그 구멍 같아서 플러그 홀Plug Hole이라고 하는데, 사진

으로 본 모습이 너무 멋있어서 직접 보고 싶었다. 더웬트 저수지와 그리 멀지 않은 곳에 있으니 마음만 먹으면 금세 갈 수 있었다. 하지만 포기했다. 우기가 아니었기 때문이다. 물이 흘러넘치지 않는 평범한 시멘트 구멍을 일부러 찾아가서 볼 필요가 있을까?

—
물이 범람할 때 레이디바워 저수지의 플러그 홀로 물이 배출되는 모습

그 초원의 끝, 스태니지 에지

　나의 목적지는 피크 디스트릭트에 있는 스태니지 에지Stanage Edge였
다. 〈오만과 편견〉에서 엘리자베스가 온몸으로 바람을 맞는 장면에 나
오는 바로 그 절벽이다. 스태니지 에지는 다크 피크에 있다. 다크 피크

는 습지와 검은 토탄으로 이루어진 고원 지대다.

영화에서 엘리자베스가 기암절벽 위에 서 있는 장면을 보고 저기 올라가려면 고생깨나 하겠구나 싶었다. 그래서 각오를 단단히 하고 길을 나섰다. 차를 타고 높고 낮은 구릉을 누비며 가다 보니 저 멀리 스태니지 에지가 보였다. 그다지 높지 않은 언덕에 검은 절벽이 병풍처럼 길게 늘어서 있었다. 그런데 그 절벽에 접근하는 길이 싱거울 정도로 완만해서 놀랐다. 암벽등반에 버금가는 비장함을 장착하고 갔다가 밑에서 절벽 위까지 쭉 이어져 있는 오솔길(?)을 보니 맥이 풀렸다. 거짓말 조금 보태서 유모차도 올라갈 수 있을 만큼 완만한 평탄한 길이었다.

사실 피크 디스트릭트는 국립공원이라고 하지만 우리나라 국립공원과는 완전히 다르다. 우리나라처럼 나무가 울창하게 들어선 높고 험준한 산이 거의 없다. 그래서 대체로 접근성이 좋은 편이다. 우리나라에서 스태니지 에지 같이 생긴 절벽을 보려면 아마 높고 험한 산길을 낑낑거리며 한참 올라가야 할 것이다. 이에 반해 피크 디스트릭트에는 그런 험한 산이 없다. 산이라기보다는 그냥 약간 높은 구릉으로 이루어진 이탄 성분의 습지에 불과하다.

스태니지 에지 꼭대기에 올라가는 방법은 두 가지가 있다. 아주 쉬운 방법과 아주 어려운 방법이다. 나를 포함한 대부분의 사람들은 당연히 아주 쉬운 방법을 택한다. 주차장에서 내려 절벽 꼭대기까지 난 완만한

—
거대한 돌 병풍이 서 있는 것 같은 모습의 스태니지 에지

길을 따라 그냥 걸어 올라가는 것이다. 하지만 일부러 아주 어려운 방법을 택하는 사람도 있다. 이들은 절벽 바로 밑에서 밧줄을 타고 위로 올라간다. 이날도 이런 방식으로 절벽에 오르는 사람이 꽤 있었다. 이렇게 중력을 거스르는 행위에는 늘 위험이 따르게 마련이다. 그럼에도 그런 방식으로 절벽을 오르는 데에는 다 이유가 있을 것이다. 나 같은 게으름뱅이는 죽었다 깨어나도 모르는 어떤 역행의 성취감 같은 게 아닐까.

가까이 다가갈수록 절벽의 위용이 드러난다. 스태니지 에지는 검은 색 사암으로 이루어져 있는데, 옛날에는 이곳에 채석장이 있었다고 한다. 지금도 그때 당시 돌 나르는 마차가 다녔던 길이 남아 있다. 절벽은 거대한 팬케이크를 한 장 한 장 켜켜이 쌓아 올린 듯한 모습을 하고 있다. 쌓여 있는 모양이 그야말로 기기묘묘하다. 그런데 절벽 위로 올라가니 반대편으로 전혀 다른 풍경이 펼쳐진다. 초록의 초원이 끝없이 펼쳐진 것이다. 밑에서 절벽을 바라보고 올라올 때는 초원이 안 보였는데, 그 초원의 끝, 즉 '에지edge'가 절벽이다. 피크 디스트릭트에는 스태니지 에지 말고도 이런 형태의 에지가 많다.

꼭대기에 있는 평평한 바위 여기저기에 동그란 웅덩이들이 보인다. 자연적으로 생긴 것이 아니라 사람이 일부러 파 놓은 웅덩이다. 20세기 초에 꿩 사냥꾼들이 꿩에게 물을 먹이려고 만들었다고 한다. 웅덩이마다 번호가 새겨져 있는데, 이 일대에 이런 웅덩이가 108개나 된다.

초원의 끝인 절벽 꼭대기에 서서 시원하게 불어오는 바람을 맞았다. 아! 이 자유의 바람! 가슴이 뻥 뚫리는 느낌이었다. 〈오만과 편견〉의 엘리자베스도 그랬을 것이다. 그녀는 여기서 온몸으로 바람을 맞으며 번잡했던 마음에 평온을 찾았다. 영화에서 키이라 나이틀리가 서 있던 곳이 어딜까 이리저리 열심히 찾아다녔다. 다른 사람들이 그랬던 것처럼 나도 거기 서서 인증샷 한번 찍어 보고 싶었다. 그런데 도무지 찾을 수

영화 〈오만과 편견〉에서 엘리자베스가 서 있던 스태니지 에지 절벽

가 없었다. 그 바위가 다 그 바위 같고, 그 절벽이 다 그 절벽 같으니 알 수가 있나. 하는 수 없이 비슷해 보이는 곳을 찾아서 열심히 사진을 찍었다. 나중에 보니 전혀 엉뚱한 곳을 찍었더라.

그렇다고 완전히 쓸데없는 짓을 한 것은 아니었다. 내가 열심히 사진을 찍은 그곳에 사람들이 잘 모르는 보물 같은 공간이 숨겨져 있었기 때문이다. 그 은밀한 공간은 바로 로빈 후드 동굴이다. 옛날에 로빈 후드가 이 동굴에 피신해 있었다고 해서 이런 이름이 붙었는데, 사실인지 아닌지는 잘 모르겠지만 여하튼 동굴을 보면 정말 은신처로 안성맞춤인 것은 맞다. 쉽게 눈에 띄지 않아서 그렇지 동굴로 들어가는 길이 그렇게 험하지는 않다. 입구는 천장이 낮아서 기어들어 가야 한다. 안으로 깊숙이 들어가면 속세의 번잡함으로부터 몸을 피하기 좋은 아늑한 은신처가 나타난다. 커피나 샌드위치를 먹기에 딱 좋은 공간이다. 하지만 만약 이런 정보가 여행책에라도 실리면 그때는 끝이다. "스태니지 에지에 로빈 후드 동굴이 있다. 여기서 커피를 마시거나 샌드위치를 먹어보자. 색다른 경험이 될 것이다." 이렇게 나오면 곧 그 책을 읽은 사람들로 동굴 안이 바글바글할 테니 말이다.

로빈 후드 동굴 말고 또 그와 관련된 곳을 보고 싶다면 헤더세이지Hathersage에 있는 성 미카엘과 모든 천사들의 교회St Michael and All Angels' Church를 추천한다. 그곳에 로빈 후드의 친구인 리틀 존의 무덤이 있다. 위치도 아주 가까워서 스태니지 에지에서 슬슬 걸어가면 된다.

로빈 후드가 살았던 셔우드 숲

전설에 따르면 로빈 후드의 활동 무대는 셔우드 숲이었다고 한다. 셔우드 숲은 스태니지 에지와 차로 한 시간 정도 걸리는 거리에 있다. 영화 〈오만과 편견〉에서 엘리자베스가 외삼촌 부부와 아주 오래된 고목 밑에서 얘기를 나누는 장면이 나오는데, 바로 그곳이 셔우드 숲이다.

셔우드 숲은 옛날부터 귀족과 왕족들의 사냥터로 인기가 있었다. 노팅엄셔에 있는데, 지금부터 10세기 전에는 노팅엄셔의 4분의 1이 숲이었다고 한다. 하지만 19세기 초부터 탄전 채굴이 시작되면서 나무가 대량으로 베어져 지금은 여러 개의 숲으로 나뉘어 있다.

셔우드 숲의 자랑거리는 뭐니 뭐니 해도 수령이 수백 년에 이르는 오크 나무 숲이다. 이런 나무들이 거의 1천 그루나 있다. 그중에는 수령이 무려 1천 년이 넘은 나무도 있는데, 영화 〈오만과 편견〉에 나오는 나무는 나이가 한참 어려서(?) 500살밖에 안 된다. 로빈 후드가 활동했던 시기가 13세기였으니까 아마 여기 있는 나무들은 그때는 어린나무였을 것이다. 로빈 후드와 그 부하들의 활동을 묵묵히 지켜보았을 나무들이 자라서 지금의 거대한 숲을 이루었다.

수령이 몇백 년 되는 나무를 보면 조금 무섭다. 가지는 하늘을 향해 뻗은 악마의 촉수 같고, 줄기는 울퉁불퉁한 암 덩어리 같고, 거대한 뿌리는 마치 뱀이 똬리를 틀고 있는 것처럼 보인다. 식물이 팽창해 나가다가 어느 단계를 넘어서면 그다음부터는 동물적으로 진화하는 것이 아닌가 하는 생각이 든다.

영화 〈오만과 편견〉에서 엘리자베스와 외삼촌 부부가 셔우드 숲의 500년 된 고목 아래서 이야기 나누는 장면

셔우드 숲에서 가장 유명한 나무는 메이저 오크Major Oak다. 메이저 오크는 둘레가 11미터, 뻗은 가지의 너비가 28미터, 무게는 23톤에 달하는 영국에서 가장 큰 떡갈나무이다. 이 나무에서는 매년 15만 개의 도토리가 열린다. 수령은 대략 800년에서 1,100년 사이일 것으로 추정되는데, 로빈 후드와 그의 '유쾌한 남자들'이 여기서 숙식을 해결하거나 거대한 몸통 안에 몸을 숨기곤 했다. 그런 의미에서 메이저 오크는 영국의 산 역사라고 할 수 있다. 바이킹 시대, 헤이스팅스 전투, 워털루 전투, 셰익스피어의 탄생과 죽음, 헨리 7세, 디킨스, 다윈, 뉴턴, 제프리 초서, 크롬웰, 제1·2차 세계대전 그리고 50명의 왕 등 영국의 모든 것을 지켜보았으니 말이다. 그동안 산불도 나고 천둥 번개도 치고 태풍도 불고 눈사태도 났을 텐데 이런 풍파에도 불구하고 모진 세월을 모두 견뎌 내고 오늘날까지 살아 있다니 정말 놀라운 일이 아닐 수 없다.

셔우드 숲에는 네 가지 트레일 코스가 있다. 자이언트 트레일과 메이저 오크 트레일은 각각 시간이 30분, 45분 정도 걸리는 비교적 간단한 코스다. 여기에 참여하면 숲에 있는 수백 년 된 오크 나무들을 두루 볼 수 있다. 소요 시간이 1시간 15분인 그린 우드 트레일은 계절의 변화를 즐길 수 있는 코스이며, 2시간 30분이 걸리는 와일드 우드 트레일은 셔우드 숲의 모든 것을 경험하고 싶은 사람에게 적합한 코스다. 현재 셔우드 숲은 점점 면적이 좁아지고, 죽는 나무도 많아지고 있다고 한다. 더 황폐해지기 전에 서둘러 셔우드 숲을 찾아야 할 이유가 여기에 있다.

영원히 복원 중일
유럽에서
가장 큰 성당

요크 민스터(York Minster)

잉글랜드 최초의 여왕인 메리 1세는 왕위에 오르기 전까지 매우 파란만장한 삶을 살았다. 그녀는 아버지인 헨리 8세가 왕비인 자기 어머니와 이혼하고 앤 불린과 결혼하기 위해 로마 가톨릭을 배척하고 영국 국교회를 세우는 과정을 고스란히 지켜보았다. 그 과정에서 메리는 꿋꿋이 어머니 편을 들었다. 그래서 미운털이 박혔는지 이혼이 성립되자마자 헨리 8세는 메리를 사생아로 만들고 그녀가 가지고 있던 공주 작위와 왕위 계승권을 모두 박탈해 버렸다.

메리는 근 20여 년을 이렇게 살았다. 그러다 마침내 설욕의 기회가 찾아왔다. 어린 나이에 세상을 떠난 이복동생 에드워드 6세의 뒤를 이어 왕위에 오르게 된 것이다. 메리는 독실한 가톨릭 신자였다. 헨리 8세가 자기 어머니와 이혼하려고 억지로 만든 개신교에 대해 적대감을 가지고 있었다. 그래서 왕위에 오르자마자 개신교를 대대적으로 박해하기 시작했다. 이때 수많은 개신교 사제와 교인들이 화형에 처했으며, 이로 인해 메리 여왕은 '피의 메리'라는 별명을 얻게 되었다.

1998년에 개봉한 케이트 블란쳇 주연의 영화 〈엘리자베스〉는 피의 메리가 개신교도들을 잔혹하게 화형시키는 장면으로 시작한다. 메리는 왕이 되자마자 자기에게 주어진 무소불위의 권력을 개신교를 탄압하는 데 사용했다. 상황이 이렇게 되자 개신교 성향이 있는 것으로 알려진 엘리자베스의 위치도 불안해졌다. 해트필드 궁전에 살던 엘리자베스는 사사건건 메리의 통제를 받으며 사실상 갇혀 살다시피 했다. 메리로서는 튜더 왕조 혈통의 유일한 생존자인 엘리자베스의 존재가 껄끄러울 수밖에 없었을 것이다.

그러다 엘리자베스가 개신교 세력을 등에 업고 반란을 시도한다는 의혹이 제기되었다. 결국 메리는 모반을 도모한 죄로 엘리자베스를 런던 탑에 가두었다. 영화 〈엘리자베스〉에서는 엘리자베스가 배를 타고 런던 탑의 '반역자의 문'이라는 수문을 지나 수감되는 장면이 나온다. 하지만 메리 여왕은 엘리자베스를 처형해야 한다는 측근들의 주장에는 선뜻 동의하지 못했다. 모반을 도모했다는 증거도 희박하고, 아무리 미워도 세상에 남은 유일한 혈육이자 튜더 왕조의 유일한 왕위 계승자를 쉽사리 죽일 수는 없었을 것이다. 엘리자베스는 감금된 동안 가톨릭으로 개종하는 등 살아남기 위해 온갖 노력을 기울였다. 그 결과 구속된 지 네 달 만에 런던 탑에서 석방되어 해트필드로 돌아갈 수 있었다.

1558년, 메리 여왕이 세상을 떠났다. 그와 더불어 왕위는 엘리자베스에게 넘어갔다. 앞서 해트필드 하우스의 공원에 '엘리자베스 오크 나무'가 있다는 얘기를 했을 것이다. 엘리자베스는 이 나무 밑에서 성경을 읽다가 자신이 여왕이 되었다는 소식을 듣는다. 영화 〈엘리자베스〉에서도 오크 나무 밑에서 소식을 듣는 장면이 나온다. 엘리자베스에게 메리 여왕의 반지를 전달한 전령은 그 자리에서 무릎을 꿇고 "여왕이여! 만수무강하소서!"라고 외친다. 소식을 들은 엘리자베스는 곧 윌리엄 세실 경을 비롯한 충신들을 불러들인다. 그리고 해트필드 궁전의 연회실에서 첫 국무회의를 주재한다.

메리 여왕이 세상을 떠난 지 약 두 달 뒤인 1559년 1월 15일, 엘리자베스 1세의 대관식이 런던의 웨스트민스터 사원에서 거행되었다. 기록에 따르면 엘리자베스 1세의 대관식은 다음과 같이 진행되었다. 의식에 들어가기에 앞서 요크 대주교가 주례하는 제향 의식을 치른 여왕은 펨브로크 백작과 슈루즈베리 백작의 호위를 받으며 웨스트민스터 사원까지 걸어갔다. 문장원 장관들이 세 개의 왕관과 대관식 검, 왕의 권위를 상징하는 구체orb를 들고 그 뒤를 따랐다. 왕실 성가대가 부르는 〈Salve festa dies(만세! 당신의 축제일이여!)〉가 울려 퍼지는 가운데 여왕은 사원의 긴 홀을 걸어 제단 앞에 설치된 연단으로 올라갔다. 넓은 연단 위에는 팔각형 모양의 또 다른 연단이 있었는데, 바로 여기서 여왕의 머리에 왕관이 얹혔다. 엘리자베스 1세의 시대가 시작된 것이다.

의식이 끝난 후에는 같은 자리에서 성대한 피로연이 펼쳐졌다. 벽에는 성경의 〈창세기〉와 〈사도행전〉에 나오는 장면을 묘사한 대형 태피스트리가 걸렸고, 그 밑에 놓인 네 개의 대형 테이블에 200여 명의 하객이 둘러앉아 만찬을 즐겼다. 대관식 피로연에서 빼놓을 수 없는 국왕 수호자의 퍼포먼스도 펼쳐졌다. 이 퍼포먼스는 다이모크 가문 사람들이 대대로 해 왔던 것인데, 갑옷으로 무장한 국왕 수호자가 왕의 자격을 거부하는 자와 결투를 벌여 승리를 거둔다는 내용을 담고 있다. 피로연은 오후 3시에 시작해 9시에 끝났다. 원래 더 오래 할 예정이었으나 여왕이 피곤함을 느껴 일찍 끝냈다고 한다.

대관식 장면을 재현한 요크 민스터

엘리자베스 1세를 비롯해 역대 영국 왕들의 대관식은 모두 런던에 있는 웨스트민스터 사원에서 치러졌다. 하지만 영화 〈엘리자베스〉의 대관식 장면은 다른 곳에서 촬영됐다. 런던보다 훨씬 북쪽에 있는 잉글랜드 노스요크셔 지방의 요크 민스터다. 요크 민스터는 유럽에서 가장 큰 성당이다. 얼마나 큰지 입이 다물어지지 않을 정도다. 성당 몇 개를 합쳐 놓은 것 같다. 행선지를 묻는 영국 사람에게 요크 민스터에 간다고 했더

요크시 한가운데 우뚝 서 있는 요크 민스터

요크 민스터에서 촬영한 엘리자베스 1세의 대관식 장면

니 첫마디가 "크다."였다.

영화 〈엘리자베스〉의 대관식 장면은 이런 요크 민스터의 위용을 그대로 보여 준다. 요크 민스터의 네이브nave는 영국에 있는 성당 중에서 가장 길이가 길다. 영화에서 장엄한 합창이 울려 퍼지는 가운데 엘리자베스 역을 맡은 케이트 블란쳇이 레드 카펫을 밟으며 행진했던 바로 그곳이다. 넓이가 22미터, 길이가 무려 63미터나 되니 정말 행진할 맛이 낳을 것 같다. 배우인 케이트 블란쳇이 여왕인 엘리자베스 1세보다 더 크고 성대한 곳에서 대관식을 치른 셈이다. 케이트 블란쳇은 그로부터 9년 후에 나온 영화 〈골든 에이지〉에서도 엘리자베스 여왕 역을 맡았다. 이쯤 되면 가문의 영광이라고 하지 않을 수 없다. 아무리 영화라도 두 번씩이나 여왕이 된다는 것이 어디 쉬운 일인가.

　유럽의 성당에 들어가면 그 넓이보다는 높이에 위축된다. 천장이 인간이 감히 범접할 수 없는 '지극히 높은 곳'에 있다. 그 드높은 천장 위로 웅장한 파이프 오르간 소리와 청아한 성가대의 노랫소리가 울려 퍼진다. 영화의 대관식 장면은 요크 민스터의 드높은 천장을 보여 주는 것으로 시작한다. 이곳 천장은 흰 바탕에 황금빛 보스(boss; 돋을새김 장식)로 장식되어 있는데, 여기에 예수의 생애나 성모 마리아, 아기 예수의 형상이 새겨져 있다.

　다른 대형 성당과 마찬가지로 요크 민스터에서도 신도석과 성가대석이 분리되어 있다. 성가대석을 콰이어quire라고 하는데, 합창을 뜻하는 영어의 'choir'라는 단어가 바로 여기에서 나왔다. 신도석과 성가대석을 구분하는 스크린에는 왕의 모습을 형상화한 15개의 석상이 서 있다. 영화에서 엘리자베스 여왕 역의 케이트 블란쳇이 바로 이 석상들 앞에 앉아 있는 장면이 나온다. 여기서 그녀가 입은 의상은 엘리자베스 여왕의 초상화에 나온 것을 그대로 재현한 것이다. 처녀 여왕이라는 점을 강조

—
15명의 왕의 석상이 서 있는 스크린

하기 위해 머리를 길게 풀고 그 위에 왕관을 쓴 것이나 오른손에 왕홀
scepter을, 왼손에 왕의 권위를 상징하는 구체를 들고 있는 것도 똑같다.
철저한 고증을 통해 실제 엘리자베스 여왕의 대관식을 그대로 재현하
려고 애쓴 흔적이 역력하다. 아니, 오히려 영화 속의 대관식 장면이 실
제 대관식보다 더 크고 웅장했을지도 모른다. 요크 민스터의 위용이 웨
스트민스터 사원을 능가하기 때문이다.

남쪽 트랜셉트 출입문 위에 있는 장미 창문

성당 내부 모습. 정면으로 그레이트 이스트 윈도우가 보인다.

　고딕 성당은 위에서 보면 십자 모양을 하고 있다. 이 십자형 교회의 좌우 날개 부분을 트랜셉트라고 한다. 요크 민스터의 남쪽 트랜셉트는 출입문을 겸하고 있다. 그 출입문 위에 원형의 장미 창문Rose Window이 있다. 해바라기 모양의 프레임을 둘러싼 24개의 패널에 붉은색과 흰색 장미 문양의 스테인드글라스가 있는데, 붉은 장미는 랭커스터 가문의 상징이고, 흰 장미는 요크 가문의 상징이다. 이렇게 두 가문을 상징하는 장미가 함께 있다는 것은 장미 전쟁에서 싸우던 두 가문이 화해했음을 의미한다. 1486년 요크가의 엘리자베스와 랭커스터가의 헨리 7세가 결혼하면서 오랜 시간 끌어오던 두 가문 간의 전쟁이 막을 내렸다.

동쪽에 있는 그레이트 이스트 윈도우Great East Window는 천지창조와 계시라는 두 개의 성서적 장면을 담고 있다. 제일 꼭대기는 천상의 세계로 천사와 예언자, 애국자, 제자, 성인, 순교자가 있다. 그리고 그 밑의 세 줄은 천지창조에서부터 압살롬의 죽음에 이르기까지 《구약 성서》의 27개 장면이 담겨 있다. 그 밑에 〈요한 계시록〉에 있는 종말의 장면이 나오고, 제일 밑에는 역사적으로 유명한 인물들의 형상이 담겨 있다.

맞은편 대주교의 문 위에 있는 스테인드글라스는 1339년에 제작된 것으로 '요크셔의 심장'이라고 불린다. 여기에는 요크 지방의 역대 주교와 대주교들, 열두 제자의 형상 그리고 예수와 성모 마리아의 생애가 수태고지, 탄생, 부활, 승천의 순서로 묘사되어 있다.

전쟁에서 희생된 여성들을 기리는 다섯 자매 창문

북쪽 트랜셉트에는 '다섯 자매 창문Five Sisters Window'이라는 스테인드글라스가 있다. 본래 이 스테인드글라스는 1200년대 중반에 만

들어졌는데, 제1차 세계대전 당시 공습을 피하고자 철거되었다가 1923~1925년에 복원되었다. 시민들의 모금을 받아 복원 비용을 충당했는데, 이때 주도적인 역할을 한 리틀 부인의 사연이 흥미롭다.

그녀는 어느 날 성가대석에 앉아 저녁 예배를 보다가 북쪽 트랜셉트 한가운데에 어린아이 두 명이 서 있는 환상을 보았다. 자세히 보니 그 아이들은 어렸을 때 죽은 리틀 부인의 자매들이었다. 아이들이 손가락을 들어 창문을 가리키자 창문이 서서히 열리면서 아주 아름다운 정원이 나타났다. 그 정원에는 여자들이 가득했다. 이런 환상을 본 리틀 부인은 새로 복원된 스테인드글라스를 제1차 세계대전에서 희생된 영국의 모든 여성에게 봉헌하겠다고 했다. 그리하여 복원된 스테인드글라스에 '다섯 자매 창문'이라는 이름을 붙였다.

이 창문은 구체적인 형상이 아닌 여러 가지 패턴들을 단색 화법으로 처리하고, 중간중간에 마치 보석이 박힌 것처럼 화려한 채색 스테인드글라스를 배치하는 방식으로 제작되었다. 매우 세련되고 모던한 느낌을 주는 스테인드글라스이다.

건물의 한쪽 면을 차지하고 있는 사제단 회의장chapter house은 요크 민스터에서 가장 아름다운 공간이다. 1260년부터 짓기 시작한 이 공간은 당시 유행하던 고딕 스타일 장식 중에서도 단연 최고의 것으로 꼽힌다. 여기에 가려면 낮은 통로를 지나야 한다. 그 통로를 걸을 때만 해도

—
전쟁에서 희생된 여성들을 기리는 다섯 자매 창문

앞으로 무엇이 나타날지 상상하기 힘들다. 하지만 아기 예수를 안고 있
는 성모 마리아 형상이 아름답게 조각된 아치 모양의 쌍둥이 문으로 들
어서는 순간 눈앞에 믿지 못할 장면이 펼쳐진다. 정말로 이곳은 요크 민
스터의 모든 공간 중에서 가장 아름답고 가장 화려한 공간이다. 오각형
으로 들어선 스테인드글라스와 천장 장식이 모두 정교하고 화려하기
그지없다.

—
사제단 회의장의 아름다운 천장 장식과 스테인드글라스

　　요크 민스터에는 파이프가 무려 5,300개나 되는 어마어마한 오르간 이 있다. 규모도 규모지만 파이프를 여러 문양으로 아름답게 장식해 놓 은 것이 인상적이다. 악기가 아니라 그냥 하나의 거대한 예술 작품 같 다. 그런데 이렇게 아름다운 파이프 오르간을 아주 싫어한 사람이 있었 다. 인근에 사는 조나단 마틴이라는 사람인데, 그는 1829년 성당에 불을 질렀다. 이유는 아주 단순했다. 오르간 소리가 너무 시끄럽기 때문이라

5,300개의 파이프로 이루어진 거대한 오르간

고. 도대체 얼마나 시끄럽길래 성당에 불을 지를 생각까지 했을까 싶겠지만 사실 그럴 만도 하다. 파이프 오르간은 그것이 설치된 건물 자체가 울림통이 된다. 세상에 요크 민스터 같이 큰 울림통이 또 있을까. 유럽에서 제일 큰 울림통이 밤낮으로 왕왕 울려댔으니 살 수가 없었겠지.

요크 민스터는 로마 제국의 요새 위에 세워졌다. 지하로 내려가면 요새의 잔해와 건물의 건축 과정을 볼 수 있는 전시실이 있다. 요새 위에 건물을 짓는 과정이 오래되고 복잡해서 건물 각 공간의 건축 연도도 다르다. 말하자면 요크 민스터는 아주 오랜 세월에 걸쳐서 완성된 건물인 셈이다. 전부 합하면 거의 250년이 되는데, 규모를 보면 그럴 만도 하다는 생각이 든다.

요크 민스터는 아직도 복원 중이다. 어쩌면 영원히 복원 중일지도 모른다. 여기를 복원해 놓으면 저기가 말썽이고, 저기를 복원해 놓으면 또 다른 곳이 말썽을 부리는, 뭐 이런 식으로 악순환이 반복될 것 같은 느낌이다. 워낙 규모가 크다 보니 복원 비용도 만만치 않다. 스테인드글라스 조각만 해도 수십만 개라고 하니 말 다 했지.

전면에 "Stop Clock"이라는 슬로건이 보였다. 스테인드글라스와 파이프 오르간의 복원 비용을 모금하기 위한 슬로건이다. 복원 비용이 '조' 단위라고 한다. 하기야 시간을 멈추려면 그 정도의 돈은 들여야겠지. 시간을 잡아 둔다는 것이 어디 그리 쉬운 일인가.

폭풍의 언덕을
체험하다

브론테 목사관 박물관
(Bronte Parsonage Museum)

Bronte Parsonage Museum

어디 가서 길을 물어보면 꼭 이렇게 말하는 사람이 있다.

"여기서 한 100미터 정도 가면 두 갈래 길이 나와요. 그중에 오른쪽 길로 가면 주유소하고 편의점이 나오는데⋯⋯."

이렇게 구구절절 길게 설명하다가 갑자기 말머리를 돌려서 "아, 그런데 그 길로 가지 말고" 하고 삼천포로 빠진다. 잉? 그러면 이제까지 설명한 건 다 뭐지? 이런 나그네의 당황스러운 마음은 아랑곳하지 않고 이번에는 진짜 제대로 맞는 길에 대한 설명이 길게 이어진다. 그런데 이렇게 처음부터 맞는 길을 알려 주지 않고, 가지 말아야 할 길까지 알려 주는 방식은 상당한 부작용을 낳는다. 우리 인간의 뇌는 아주 단순해서 이런 경우 "거기로 가지 말고"라는 말은 순식간에 잊어버리고, 주유소와 편의점만 기억하는 경향이 있기 때문이다. 그래서 주유소와 편의점 근처를 맴돌며 "이상하다. 분명 주유소와 편의점 근처라고 했는데⋯⋯."라며 헤매는 불상사가 발생하곤 한다.

웨스트요크셔주의 하워스Haworth에 있는 농가 숙소를 찾아가면서 이와 비슷한 경험을 했다. 도착 전날, 주인으로부터 엄청나게 긴 길 안내 메시지를 받았다. 어찌나 친절하고 섬세한지 왼쪽 방향에서 오는 길과 오른쪽 방향에서 오는 길 두 가지 버전으로 보내왔다. 집 근처가 아닌 아주 먼 곳에서부터 오는 길을 자세히 설명해 놓았는데, 예를 들자면 일산에 가는데 광화문에서부터 안내하는 식이었다.

그렇다 보니 내용이 무척 복잡했다. 우리는 그가 알려 준 수많은 지명과 안내판, 표지문의 홍수 속에서 길을 잃었다. Stanbury, Colne, Old Silent Inn, Scartop Sunday School Ponden Watersports, Ponden Guest House, Scar Top Road, Ponden Reservoir, Pennine Way, Whitestone Farm, Weak Bridge ……. 이 중 어떤 것은 "그쪽으로 가지 말고"에 해당하며, 어떤 것은 "너무 멀리 간 것"에 해당한다. "길을 찾다가 Weak Bridge라는 팻말이 보이면 그건 우리 집을 지나쳐 간 것입니다." 이런 식이었으니 우리가 최종적으로 가야 할 집이 어디인지조차 알 수 없는 상황이 되었다.

차를 세워 놓고 남편과 함께 아주 복잡하고 난해한 안내문을 한 줄한 줄 정독한 끝에 비로소 우리가 찾아가야 할 집이 화이트스톤 농장 Whitestone Farm이라는 것을 알게 되었다. 사실 우리는 바로 그 집 앞에서 헤매고 있었다. 아니, 그러면 '화이트스톤이 우리 집이다. 그 집으로 들어와라.' 이렇게 간단하게 말하면 되지 어디로는 가지 말고, 어떤 팻말은 그냥 무시하고, 또 어디까지는 가지 말라고 하는 건 또 뭔가.

우리가 집 앞에서 헤맨 결정적인 이유는 안내문에 등장한 '돌다리'라는 단어 때문이었다. "돌다리를 건너면 나무 문이 나오는데 그 문이 닫혀 있으면 그 문을 열고 언덕으로 올라가라. 언덕으로 올라가면 또 다른 문이 나올 것이다. 그 문 너머에 하얀 돌로 지은 집이 보인다." 이런 메시지를 읽고 일단 돌다리만 열심히 찾았다. 그런데 아무리 찾아봐도 돌다리가 없었다. 사실 이 돌다리는 농장 안에 있는 돌다리, 즉 자기 집 안에 있는 돌다리였다. 집 안에 있는 돌다리를 밖에서 찾았으니 나올 리가 있나. 아니, 그러면 간판을 보고 그냥 집으로 들어오라고 하면 될 것을 무슨 돌다리에다가 언덕, 두 개의 문, 이런 얘기는 왜 해서 사람을 헷갈리게 할까? 그것도 마치 남의 집 얘기하듯이 말이다. 대문에서 집까지 못 찾아갈까 봐 걱정돼서 그랬나?

이 얘기를 듣고 내비게이션이 집을 찾아주리라고 생각하는 사람이 있을 것이다. 그런데 영국 농촌에 있는 집은 내비게이션만으로는 찾기 힘든 경우가 많다. 한 지번이 나타내는 영역이 무지하게 넓은데 내비게이션으로 찍으면 그 지번 땅의 한가운데쯤을 가리키기 때문이다. 차가 지도에 표시된 가까운 도로까지 접근해도 정작 집은 보이지도 않는다. 초원이나 언덕, 밭 한가운데에다 데려다주고 "목적지에 도착했습니다." 하는 식이다.

—
하워스에서 묵었던 농가 숙소

　하워스를 찾은 것은 《폭풍의 언덕》의 작가인 에밀리 브론테의 집을 보고, 영화 〈폭풍의 언덕〉에 나온 말함 코브Malham Cove에 가기 위해서였다. 그런데 그날 숙소를 찾으면서 폭풍의 언덕에 가기도 전에 '폭풍의 언덕'을 온몸으로 체험했다. 그날은 비가 억수같이 쏟아지고 바람이 몹시 불었다. 숙소를 찾느라 비가 오고 바람 부는 언덕을 사방팔방으로 헤맸다. 그러다가 우여곡절 끝에 농장의 대문을 지나고 돌다리를 건너고 첫 번째 나무 문을 지나 언덕으로 올라가니 돌집이 보였다. 집 앞에 있는 두 번째 나무 문의 틈에서 주인이 내 이름을 적은 종이쪽지를 끼워 둔 것을 발견했다.

"파란색 문과 검은색 매트가 깔려 있는 집이 당신 숙소임."

숙소 현관문에도 역시 쪽지가 끼워져 있었다.

"열쇠는 맞은편에 있는 회색빛 쓰레기통 밑에 있음."

그 열쇠로 문을 열고 집으로 들어가니 주방 수도꼭지 옆에는 "냉수가 잘 안 나오니 나올 때까지 꼭지를 돌릴 것"이라고 적힌 쪽지가, 세탁기에는 "세탁이 다 끝나도 시간이 조금 지나야 문이 열리니 억지로 열지 말 것"이라고 적힌 쪽지가, 책상 위에는 와이파이 비밀번호를 적어 둔 쪽지가 있었다. 세상에 친절도 하셔라. 길 안내를 해 줄 때와 같은 강도의 세심함에 입을 다물지 못했다. 하지만 길을 헤매느라 지칠 대로 지친 나는 주인에게 이런 말을 해 주고 싶었다.

"다른 건 몰라도 길 안내만큼은 간단하게 합시다."

숙소를 찾느라 너무 고생했기 때문에 저녁은 간단하게 먹기로 했다. 마트에서 사 온 생선을 구웠는데 이번에도 한국에서 가져온 와사비와 간장이 진가를 발휘했다. 식사를 마치고 차까지 마시니 온몸이 노곤해졌다. 다음 일정은 《폭풍의 언덕》을 쓴 브론테의 집을 방문하는 것이다. 그런 의미에서 이날 우리가 했던 폭풍의 언덕 체험은 《폭풍의 언덕》의

—

농가 숙소에서 간단하게 차려 먹은 저녁

작가를 만나기 위한 일종의 통과의례 같은 것이었는지도 모른다.

네 남매의 이야기 왕국

다음 날 아침, 하워스에 있는 브론테 자매가 살았던 집을 찾았다. 하
워스는 외지고 황량한 곳으로, 경사가 심한 언덕이 많아 예로부터 교통

이 잘 발달하지 못했다. 지금도 대중교통을 이용해 하워스에 가려면 두세 번은 차를 갈아타야 한다. 그만큼 접근성이 떨어진다. 그럼에도 불구하고 전 세계에서 브론테 목사관 박물관을 보려고 하워스를 찾는 사람들이 많다. 오로지 이곳을 보려고 오는 것이다. 만약 브론테 박물관이 없었다면 이 마을은 무엇으로 먹고살았을까.

브론테 목사관 박물관은 원래 브론테 가족이 살았던 목사관이었다. 1820년 성공회 목사인 아버지 패트릭 브론테가 이 마을 교회의 목사로 부임하면서 가족이 모두 이 집에서 살게 되었다. 그런데 이 집으로 이사 온 지 일 년도 채 안 되어 어머니가 세상을 떠나고 말았다. 남겨진 자식이 모두 6명이었는데, 그 후 첫째와 둘째가 연달아 세상을 떠나 샬럿, 브란웰, 에밀리, 앤 이렇게 네 남매만 남게 되었다.

아버지 패트릭은 성격이 굉장히 엄하고 완고했다. 이렇게 생각이 꽉 막힌 아버지 밑에서 살아남기 위한 일종의 생존 전략이었을까. 네 아이는 자기들끼리 똘똘 뭉쳐 살았다. 이 우울하고 칙칙하고 외진 마을에서 살아남기 위해 그들은 그들만의 나라를 만들고, 그들만의 성을 쌓았다.

브론테 목사관 박물관의 전시물 중에 눈에 띄는 것이 있다. 가로 2.5센티미터, 세로 5센티미터 정도 되는 미니 북이다. 샬럿이 종이를 오리고 실로 묶어서 만든 이 책에는 샬럿과 남동생 브란웰이 직접 지은 이야기와 시가 실려 있다. 이들 남매는 《블랙우드 에든버러 매거진Blackwood's

브론테목사관 박물관 입구

Edinburgh Magazine》이라는 잡지를 즐겨 읽었는데, 어느 날 자기들이 직접 잡지를 만들기로 의기투합했다. 그렇게 해서 두 사람이 쓴 시, 이야기, 노래, 그림, 지도, 건축 계획, 대화 등이 실린 작은 잡지가 탄생했다.

네 남매가 본격적으로 스토리텔링에 돌입한 것은 브란웰이 12개의 장난감 병정을 갖게 되면서부터였다. 그 12개 인형 중에서 각자 마음에 드는 병정을 하나씩 선택해 거기에 이름을 붙였다. 샬럿은 워털루 전투의 영웅 웰링턴, 브란웰은 나폴레옹, 에밀리는 그래이비, 앤은 웨이팅보이라고 붙였다. 이렇게 각자의 캐릭터를 정한 네 남매는 본격적으로 이야기를 만들기 시작했다. 이들은 모두 다 자기 나라를 가지고 있었으며, 이 네 나라를 합친 연합체를 글래스 타운 연방이라고 불렀다. 샬럿이 만든 미니 북에는 글래스 타운 연방 사이에 벌어지는 흥미진진한 이야기가 아주 작은 글씨로 쓰여 있다.

네 사람이 함께 연방 국가를 건설했지만 샬럿과 브란웰은 동생인 에밀리와 앤을 놀이에 끼워 주지 않을 때가 많았다. 이에 화가 난 두 자매는 자신들만의 나라를 따로 만들었다. 곤달이라는 가상의 섬나라였다. 이들 자매가 곤달이라는 섬나라를 배경으로 어떤 이야기를 만들었는지는 알 수 없다. 곤달 왕국의 연대기가 모두 없어졌기 때문이다. 하지만 에밀리가 자신의 일기에 적어 둔 곤달에 관한 시를 보면 어느 정도 짐작은 할 수 있다. 곤달에서 있었던 대관식이 실제로 있었던 빅토리아 여왕의 대관식과 유사한 것을 보면 곤달 이야기에는 현실과 비현실이 혼

—
브론테 남매가 만든 미니 북

재해 있었던 것 같다. 전쟁, 사랑, 음모에 관한 이야기가 나온다는 점에서 《왕좌의 게임》이나 《반지의 제왕》과 비슷하기도 하다.

샬럿과 브란웰이 창조한 글래스 타운 연방의 이야기도 이와 비슷하다. 어린아이들이 썼다고는 믿기지 않을 만큼 잔인한 대목도 많고, 부도덕한 이야기도 많다. 아버지가 이것을 말리지 않았을까 궁금해하는 사람도 있는데, 미니 북에 쓰인 글씨가 너무 작아서 시력이 안 좋은 아버지는 읽을 수 없었다고 한다.

브론테 목사관 박물관에 있는 미니 북은 브론테 남매가 정신적으로 상당히 조숙했으며, 놀라운 스토리텔링 기술을 가지고 있었다는 것을 보여 준다. 미니 북을 처음 만들었을 당시 샬럿의 나이는 열세 살이었다. 그래서 그런지 책 자체의 모양은 매우 조악하다. 제본이나 가위질, 글씨체 등 모든 면에서 솜씨가 서툴다는 것이 그대로 드러난다. 그러나 고작 열세 살에 불과한 아이가 이런 방식으로 자기만의 책을 만들었다는 것은 놀라운 일이 아닐 수 없다. 이 미니 북은 현재 20권 정도 남아 있는데, 그중 한 권이 2011년 소더비 경매에서 무려 110만 달러에 팔렸다고 한다.

집안의 중심이 된 마호가니 테이블

브론테 목사관 박물관의 거실은 여러모로 인상적이다. 거실 한가운데에 양쪽으로 접히는 커다란 마호가니 테이블이 있는데, 바로 이곳이 이 집의 창작의 원천이었다. 바로 이 자리에서 수많은 인물이 탄생하고, 수많은 이야기가 만들어졌다. 에밀리 브론테가 쓴 1837년 6월 26일 자 일기를 보면 이 테이블을 스케치한 그림이 나온다. 앤과 에밀리가 테이블에 앉아 무언가를 쓰고 있다. 테이블 위에 종이들이 어지럽게 널려 있고, 그 옆에 틴 박스Tin Box라고 부르는 상자가 있다. 에밀리와 앤은 정

393

—
거실에 있는 마호가니 테이블

기적으로 일기를 쓰지 않고 마음 내킬 때 종이에다 일기를 써서 그것을
틴 박스에 보관했다.

　이 테이블은 1861년 남매의 아버지 패트릭이 세상을 떠난 후 다른 사
람에게 팔렸다. 그랬다가 우여곡절 끝에 다시 제자리로 돌아왔다. 테이
블 표면에는 E 자가 새겨져 있고, 브론테 남매에 의해 생겼을 것으로 추
정되는 잉크 자국, 검게 그을린 양초 자국이 그대로 남아 있다.

에밀리 브론테가 즐겨 연주했던 캐비닛 피아노

서재는 패트릭이 목사 업무를 보고 아이들을 교육하던 방이다. 서재에서 가장 눈에 띄는 것은 캐비닛 피아노다. 네 남매 중에서는 에밀리가 가장 피아노를 잘 쳤다. 에밀리는 샬럿과 함께 벨기에의 브뤼셀로 프랑스어와 독일어를 공부하러 갔을 때 그곳의 저명한 피아니스트에게 레슨을 받았다. 이때 받은 음악 교육이 에밀리의 음악적 취향을 바꾸어 놓았다. 그녀는 바흐, 보케리니, 클레멘티, 코렐리, 모차르트, 베토벤, 글루크와 헨델을 좋아했다. 교향곡을 피아노 버전으로 편곡하는 것도 좋아했는데, 베토벤의 교향곡을 세 곡이나 편곡하기도 했다. 에밀리는 작곡가 중에서도 열정과 강력한 에너지를 가진 작곡가들을 좋아했다. 에밀리가 대담하고 드라마틱한 취향을 가졌다는 사실을 반영하는 것이다. 그녀는 바이런 같은 낭만주의 시인을 좋아했고, 마찬가지 이유로 베토벤을 열정적으로 좋아했다. 브뤼셀에 있는 동안 피아노 실력이 일취월장해서 나중에 피아노 선생이 되었다.

브론테 목사관 박물관에는 에밀리를 비롯한 브론테 자매들이 필사한 악보가 있다. 당시만 해도 인쇄된 악보를 구하기가 어려웠기에 직접 악보를 그려서 사용했다. 여기에 있는 여러 편의 악보들은 브론테 남매가 음악을 즐겼다는 것을 보여 준다. 에밀리는 피아노를 아주 잘 쳤고, 브란웰은 피아노와 오르간을 칠 줄 알았으며, 앤은 노래를 잘 불렀다.

박물관 근처에 있는 레스토랑에서 점심을 먹고 나와 보니 예정된 주차 시간에서 15분이 지나 있었다. 뭐 15분 정도 늦는 건 괜찮겠지 하는 마음으로 느긋하게 주차장에 갔는데 웬걸 차 안에서 망을 보고 있던 주차 요원이 튀어나와 벌금을 내란다. 원래 100파운드인데, 지금 내면 60파운드로 깎아 준다고. 우리 돈으로 거의 10만 원에 육박하는 돈이다. 한국 같으면 좀 봐주라고 할 수도 있겠지만 영어도 딸리고, 또 그런다고 봐줄 것 같지도 않아서 현장에서 바로 카드로 계산했다.

에밀리 브론테가 사용했던 작은 방

Pay and Display 식으로 운영되는 주차장에는 주차 요원이 상주하지 않는 경우가 많다. 그런데 이 사람은 아예 작정하고 우리를 기다린 듯하다. 외국인이라 만만하게 본 것일까. 우리가 시간이 되어도 안 나타나자 회심의 미소를 지었겠지. 그리고 '짜잔' 하고 나타나 벌금을 때린 거야. 그러니 영국을 여행하는 사람들은 근처에 주차 요원이 없다고 안심하지 말기 바란다. 없던 주차 요원이 어디선가 갑자기 '뿅' 하고 나타나 엄청난 벌금을 때릴 수도 있으니 말이다.

외계 행성 같은
요크셔 데일스
국립공원의 명소

말함 코브(Malham Cove)

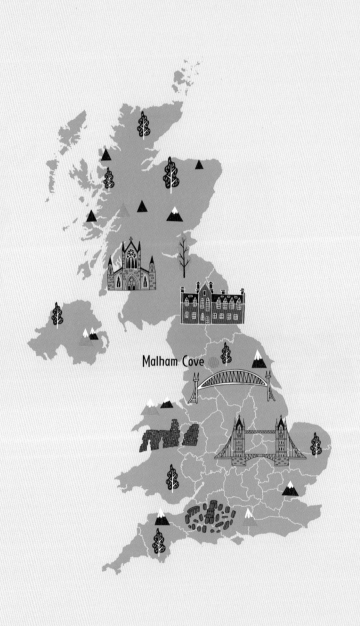

Malham Cove

외국 여행의 가장 큰 스트레스는 언어의 장벽일 것이다. 모국어가 아닌 언어로 그것이 모국어인 사람과 이야기를 나누는 것이 얼마나 부담스러운 일인지 겪어 보지 않은 사람은 모른다. 용케 상대방의 말을 알아듣고, 또 내가 용케 그 말에 문법적으로 맞는 대답을 했다 하더라도 그다음 대화에서 그런 요행이 또 반복되리라는 보장이 없다. 영국 사람과 얘기할 때마다 학창 시절 '정통종합영어'를 공부했던 기억을 총동원하는데, 머릿속으로 문법 생각하랴 입으로 말하랴 얼마나 바쁜지 모른다. 그러다가 "아, 맞다. to 부정사 다음에는 동사의 원형이 나와야 하는데 내가 왜 과거형을 썼지?" 이런 생각이 들면 정말 머리를 쥐어뜯고 싶은 심성이 된다. 그래서 될 수 있는 한 간단하게 말하려고 애쓴다. 영어 문장의 5형식 중에서 가장 단순한 1형식을 써서 말이다.

영국 여행에서는 영국식 영어 발음도 문제였다. 드라마 〈왕좌의 게임〉에서 네드 스타크 역을 맡은 숀 빈이 'black hair'를 '블라크 헤아'라고 발음했던 것이 기억난다. '블랙 헤어'를 '블라크 헤아'라고 하면 당연히 못 알아듣지. 오래전 영국에 처음 갔을 때, 런던의 히드로 공항 입국 심사대에서 공항 직원의 말을 못 알아들어 쩔쩔맸던 기억이 난다.

"웨어 두 유 스타이?"

'스타이'가 뭐지? 그래서 한참 동안 우물거리고 대답을 못 했다. 'stay'를 '스타이'라고 했기 때문이다. 그때 영국에서는 'a'를 '아'로 발음하는 사람이 많다는 것을 알게 되었다. 이와 관련된 재미있는 에피소드도 있다. 영국 사람이 "나는 오늘 여기에 왔다I came here today"라고 했는데, 그것을 외국 사람이 "나는 여기에 죽으러 왔다I came here to die"로 잘못 알아들었다는 얘기다.

이번 여행에서도 이 발음 때문에 애를 먹었다.

"왓 이즈 유어 나임name?"

"아 유 리빙 투다이today?"

"두 유 니드 어 맙map?"

그중에서 단연 압권은 승강장과 기차 사이가 넓으니 조심하라는 지하철 안내 방송이다. 아주 간단하게 "마인드 더 갑Mind the Gap" 이런다.

이렇게 익숙하지 않은 발음 때문에 처음에는 당황했는데, 여행이 끝나갈 때쯤 되니 여행 안내소에 가서 "맙map 주세요." 이런 말도 서슴없이 하게 되었다.

근데 만약 상대방이 사투리를 쓴다면 어떻게 될까? 요크셔 지방으로

402

올라가면서 이것이 제일 걱정이었다. 요크셔 지방은 매우 외진 지역이다. 그래서인지 지역 정체성이 매우 강하고, 말할 때 요크셔 특유의 사투리를 쓴다. 예를 들어 'u'를 아주 강하게 발음해서 '일요일sunday'을 '쑨다이', '버스bus'를 '부스', '위층upstairs'을 '웁스테어스'라고 발음하는 식이다. 표준말도 알아듣기 힘든데 사투리는 더 못 알아듣지. 그래서 요크셔에서는 될 수 있는 한 말을 걸지도, 하지도 않기로 단단히 마음먹었다.

예전에 프랑스 여배우 쥘리에트 비노슈가 영화 〈폭풍의 언덕〉의 주인공으로 출연한 적이 있었다. 그런데 영화에 출연하고 나서 그녀는 요크셔 사람들에게 욕을 바가지로 먹었다. 요크셔 사투리를 잘 구사하지 못했기 때문이다. 요크셔 사투리는커녕 영어도 제대로 못 하는 사람을 어떻게 〈폭풍의 언덕〉의 주인공을 시킬 수 있냐는 비난이 쏟아졌다. 〈폭풍의 언덕〉은 요크셔 지방을 대표하는 작품인데, 외국 배우의 어설픈 영어로 요크셔의 정체성을 훼손시켰으니 얼마나 기분이 나빴을까.

〈폭풍의 언덕〉의 원제인 '워더링 하이츠Wuthering Heights'의 '워더링'은 '바람이 쌩쌩 강하게 부는'이라는 의미의 요크셔 사투리다. '폭풍의 언덕' 아니, '워더링 하이츠'의 분위기를 제대로 경험하려면 반드시 요크셔 지방에 와 봐야 한다. 날씨가 을씨년스럽고 바람이 그렇게 많이 불 수가 없다. 언덕 위로 올라가면서 생각했다. 그래. 이게 바로 '워더링 하이츠'지. 언덕 위에 오르니 멀리 건너편 언덕에 풍력 발전기가 돌아가고 있는 것이 보인다. 에밀리 브론테에게 문학적 영감을 선사했던 그 '바람'이 이제는 전기를 생산하고 있는 것을 보니 묘한 기분이 들었다.

사람마다 취향이 다르겠지만 나는 《제인 에어》를 쓴 샬럿 브론테보다 《폭풍의 언덕》을 쓴 에밀리 브론테에게서 훨씬 인간적인 매력을 느낀다. 사실 《제인 에어》에 나오는 등장인물들은 여성으로서 충분히 상상할 수 있는 캐릭터들이다. 하지만 《폭풍의 언덕》의 히스클리프는 다르다. 그는 한마디로 설명이 안 되는, 상당히 복잡 미묘한 성격의 소유자다. 하워스라는 외진 곳에 살면서 변변한 연애 경험 하나 없었던 에밀리가 어떻게 이런 복잡 미묘한 인간형을 창조해 냈는지 놀라울 따름이다.

브론테 목사관 박물관에는 에밀리의 오빠 브란웰이 그린 브론테 자매의 초상화가 있다. 그림 속의 에밀리는 무언가 비상한 데가 있다. 범상치 않은 눈빛에서 일종의 야성이 느껴진다. 결코 고분고분하지 않은, 아집으로 똘똘 뭉친 얼굴이다. 그녀는 타고난 자유주의자였으며, 끓어오르는 열정의 소유자였다. 그러나 평소에는 그런 면을 별로 드러내지 않았다. 작품을 통해서만 표출했을 뿐이다. 히스클리프는 그녀의 내면에서 부글부글 끓어올랐으나 끝내 소진되지 못한 야성의 에너지가 폭발해서 탄생한 괴물, 그녀 자신의 또 다른 모습이었다.

물론 당시 사회는 이 괴물을 받아들이지 못했다. 《폭풍의 언덕》이

말함 코브가 나오는 영화 〈폭풍의 언덕〉의 한 장면

《제인 에어》보다 대중적 인기를 얻지 못했던 것도 이 때문이다. 인기는
커녕 혹독한 비판을 받았다. 비평가들은 《폭풍의 언덕》을 역겨운 소설,
사악한 소설, 예술적으로 미성숙한 소설, 덜 문명화된 소설이라고 평가
했다.

말함 코브 가는 길

쥘리에트 비노슈, 레이프 파인스가 출연한 1992년 개봉작 〈폭풍의 언덕〉에는 요크셔 지방의 관광 명소가 나온다. 요크셔 데일스 국립공원 Yorkshire Dales National Park에 있는 말함 코브다. 이 영화를 보기 전까지 나는 영국에 이런 곳이 있다는 것을 모르고 있었다. 영화를 보다가 캐서린과 히스클리프가 사랑을 속삭이는 장면을 찍은 곳의 풍광이 범상치 않음을 알았다. 이 지구상에는 없는, 먼 외계 행성 같은 곳인데, 그 독특한 풍광 때문에 영화 촬영지로 인기가 높다. 유명한 해리 포터 시리즈 중 〈죽음의 성물〉도 여기서 촬영했다.

말함 코브로 가기 위해 차를 타고 시골길을 달렸다. 영국은 시골길이 아름다워서 차를 타고 그냥 시골길을 달리는 것만으로도 충분히 힐링이 된다. 영국의 시골길은 차 두 대가 동시에 지나갈 수 없을 정도로 좁다. 그런 길 양편에 가지가 무성한 나무들이 줄지어 서 있다. 양쪽 나무의 가지가 서로 맞닿아서 자연의 터널을 이룬다. 그래서 그 밑을 지날 때면 마치 초록색 터널을 지나는 것 같은 느낌이 든다. 자연이 만들어 준 초록의 나뭇가지 터널!

—
영국 시골길에서 자주 만날 수 있는 나무 터널

　마을에 있는 한적한 길가에 차를 세워 두고 말함 코브로 향했다. 말함 코브에 가려면 양 떼가 있는 들판으로 난 길을 걸어 들어가야 한다. 길 입구에 있는 나무로 만든 문이 닫혀 있었다. 이런 경우 길이 막혔나 싶어 당황할 수 있는데, 그럴 필요가 없다. 걸쇠를 돌려 문을 열고 들어가면 된다. 영국 들판의 문들은 모두 이렇게 열린 듯 닫혀 있다. 양들이 도망가지 못하게 하기 위해서다. 문을 열고 들어간 다음에는 반드시 다시

목장에 설치된 돌담과 나무 문. 현재 말함 코브 일대는 내셔널 트러스트에서 관리하고 있다.

닫아 놓아야 한다.

한때 아예 문을 잠가 놓고 사람들의 출입을 통제한 목장 주인들도 있었다. 울타리를 쳐 놓은 땅에 문까지 잠가 버린 것이다. 인클로저 운동이 다시 재현된 것일까. 물론 목장 주인들이 이렇게 한 데는 다 이유가 있었다. 사람들이 데려오는 개가 양들을 위협했기 때문이다. 양들은 사람은 무서워하지 않지만 개는 엄청 무서워한다고 한다. 그런 개들 때문

말함 코브로 가는 길

에 놀라서 스트레스를 받은 양들이 죽는 사고가 빈번하게 발생했다. 그러자 목장 주인들이 아예 길을 막아 버리는 특단의 조치를 취한 것이다.

하지만 이에 대한 반발도 만만치 않았다. 아무리 사유지라도 옛날부터 사람들이 자유롭게 지나다니던 길을 폐쇄한 것은 말이 안 된다는 주장이 대두되었다. 이런 조치의 부당함을 일일이 나열한 사람도 있었다. 그러자 목장 주인들은 우리가 입은 피해를 말하자면 당신들이 입은 것보다 백만 배는 더 된다는 말로 대응했다. 지금은 가는 곳마다 "개에게 반드시 목줄을 채울 것"이라고 적힌 팻말이 있는 것을 볼 수 있다.

말함 코브로 통하는 문에도 그런 팻말이 있었다. 문을 열고 들어서니 전형적인 영국 농촌 풍경이 눈앞에 펼쳐진다. 영국 풍경의 완성에는 몇 가지 요소가 필요하다. 높고 낮은 구릉 위로 펼쳐진 드넓은 초원, 그 위에서 평화롭게 풀을 뜯고 있는 양 떼, 지천으로 깔린 온갖 종류의 야생화, 들판을 가로지르며 굽이굽이 흐르는 시냇물, 그 물 위에서 헤엄치는 청둥오리 그리고 마지막으로 언덕 위에 외롭게 서 있는 외딴집 하나.

말함 코브로 가는 길은 영국 풍경에 필요한 이런 요소들을 모두 갖추고 있었다. 가는 길이 힘들지 않아 풍경을 마음껏 감상할 수 있어서 좋았다. 말함 코브는 접근성이 좋은 곳이다. 온갖 야생화가 피어 있는 아름다운 초원을 감상하며 그냥 걸어가기만 하면 된다.

거대한 절벽과 신기한 석회암 페이브먼트

말함 코브는 만灣의 형태를 한 거대한 석회암 절벽으로 '코브Cove'는 '작은 만'을 뜻한다. 1만 2천 년 전 빙하기에 형성된 것인데, 그때는 빙하가 녹은 물이 폭포를 이루며 떨어졌다. 세월이 흘러 물이 떨어지는 가운데 부분이 움푹 파이면서 절벽이 지금과 같은 둥근 만의 형태를 띠게 되었다. 절벽의 높이는 80미터, 넓이는 300미터에 이른다. 빙하기에는 절벽으로 폭포가 쏟아졌으나 지금은 물이 흐르지 않는다. 여기서 2.4킬로미터 떨어진 곳에 말함 탄Malham Tarn이라는 호수가 있는데, 거기서 흘러나온 물이 코브 상층부로부터 1.6킬로미터 정도 되는 곳에서 지하로 스며든다. 물이 모두 지하로 스며들기 때문에 절벽에는 물이 흐르지 않는다.

그런데 2015년 12월 6일, 기적과 같은 일이 일어났다. 기상 관측 이래로 한 번도 물이 떨어지지 않았던 이 절벽에 폭포가 생긴 것이다. 폭우를 동반한 태풍 데스몬드가 이 지역에 불어닥쳤는데, 그 영향으로 아주 잠깐 말함 코브에 일시적인 폭포가 생겼다. 그때 사람들이 사진을 찍고 난리가 났다고 한다.

말함 코브 밑에는 물이 고여 있다. 절벽으로는 물이 흐르지 않는데 이 물은 도대체 어디서 온 것일까. 궁금해서 자료를 찾아보니 절벽 밑에 고인 물은 코브 바닥에 있는 동굴에서 솟아난 것이라고 한다. 이 물이 들판으로 흘러들어 간다. 입구에서부터 말함 코브까지 이어지는 들판을 굽이굽이 흐르는 바로 그 물줄기다. 이 물줄기를 말함 베크Malham Beck라고 하는데, 과거에 학자들은 말함 탄에서 흘러나오는 물줄기와 말함 베크의 물줄기가 같은 것이라고 생각했다. 그냥 맨눈으로 보면 정말 그런 것 같다. 하지만 물에 물감을 풀어 실험해 본 결과 두 물줄기가 지하

말함 코브의 지하 동굴에서 나온 물이 흐르는 말함 베크

정면에서 바라본 말함 코브

의 각기 다른 장소에서 서로 독립된 경로로 흐른다는 사실이 밝혀졌다. 석회암 절벽 안에 있는 동굴과 터널들은 매우 복잡한 구조로 얽혀 있는데, 그 역사가 무려 5만 년이나 된다고 한다.

들판을 지나 절벽에 가까이 다가가자 말함 코브의 위용이 한눈에 들어온다. 절벽의 바위는 다양한 빛깔을 띠고 있다. 그 사이사이에 초록의 풀과 나무가 자라는 모습이 마치 오래된 성의 성벽을 보는 것 같다. 태풍이 불어 절벽에 잠시 폭포가 생긴 예외적인 경우를 제외하면 말함 코브의 절벽에는 물이 흐르지 않는다. 그래서 암벽 등반가들에게 인기가 많다. 내가 이곳을 찾은 날도 암벽 등반가들이 절벽을 오르고 있었다. 여기에는 다양한 루트가 있는데, 비 오는 날에도 오를 수 있는 코스도 여러 곳 있다.

말함 코브 왼쪽에 절벽 꼭대기로 오르는 돌계단이 있다. 이 계단을 올라가야 그 유명한 석회암 페이브먼트Limestone Pavement를 볼 수 있다. 영화 〈폭풍의 언덕〉에서 캐서린과 히스클리프가 사랑을 속삭이던 바로 그곳이다. 400개나 되는 돌계단을 올라가는 것이 힘들어서 투덜거렸다.

"아니, 얘네들은 사랑을 속삭이려면 지네 동네에서 속삭일 것이지 왜 여기까지 와서 속삭이고 난리야? 힘들어 죽겠네."

이렇게 투덜대기는 했지만 사실 이 정도는 우리나라 등산에 비하면 아무것도 아니다. 그냥 계단만 올라가면 되는데 뭐. 정상에 도달하는 순간 눈앞에 믿을 수 없는 광경이 펼쳐졌다. 인간의 뇌와 비슷한 모습의 울퉁불퉁한 석회암 페이브먼트가 끝없이 펼쳐져 있었다. 정말 생전 처음 보는 신기한 풍경이었다. 높은 데서 보면 더 멋지겠다는 생각이 들었다. 바로 옆에서 한 청년이 드론으로 사진을 찍고 있었다.

이 지역은 빙하기에 얼음으로 덮여 있었다. 빙하기가 끝나면서 빙하와 함께 토양과 바위들이 쓸려 내려갔다. 그 결과 밑에 있던 넓은 석회

—
말함 코브 꼭대기에 있는 석회암 페이브먼트

암이 밖으로 드러났다. 석회암은 물, 그중에서도 특히 산성에 약하다. 시간이 지나며 산성을 띤 빗물이 석회암의 갈라진 틈으로 스며들었다. 그러면서 틈이 벌어지기 시작했다. 용해가 진행될수록 틈이 더 넓고 깊어지면서 지금과 같은 특이한 형태의 석회암 페이브먼트가 생기게 되었다. 그런데 그 형태에 어떤 패턴이 있다. 인공물처럼 정확하고 규칙적인 패턴은 아니지만 그냥 마구잡이로 형성된 것은 아니었다.

오랜 세월 용해 과정을 거쳤기 때문인지 바위 사이의 틈이 상당히 넓다. 발이 푹푹 빠질 정도다. 여기서 로맨틱 영화의 단골 장면인 "나 잡아 봐라"를 찍는 것은 힘들겠다는 생각이 든다. 풀밭이나 바닷가 모래밭이면 몰라도 이렇게 바닥이 울퉁불퉁한 데서 어떻게 모양 나는 러브 신을 찍을 수 있을까. 그런데 〈폭풍의 언덕〉의 캐서린과 히스클리프가 바로 여기서 그런 장면을 연출했다. 영화를 보면 캐서린 역의 쥘리에트 비노슈가 울퉁불퉁한 석회암 페이브먼트 위를 용케도 잘 뛰어다니는 장면이 나온다. 그녀를 보고 히스클리프가 말한다.

"눈을 감아 봐. 만약 눈을 떴을 때 날이 화창하게 맑으면 앞으로 네 운명도 그렇게 화창할 거야. 하지만 날이 흐리면 네 운명도 그렇게 되겠지."

캐서린은 장난스러운 표정으로 눈을 감았다가 다시 뜬다. 그런데 바로 그때 화창했던 날씨가 갑자기 흐려진다. 검은 구름이 끼고 비가 내리기 시작한다. 밝았던 캐서린의 얼굴에도 먹구름이 낀다. 울퉁불퉁한 석회암 페이브먼트의 깊은 틈을 용케도 잘 피해 다녔던 캐서린. 그러나 자신의 불길한 운명은 피할 수 없었다. 말함 코브 위의 하늘을 덮었던 먹구름은 그 운명에 대한 예언이었는지도 모른다.

잉글랜드 풍경의
모든 것, 호수 지방

레이크 디스트릭트(Lake District)

Lake District

영국 농부들은 누구 노래처럼 "저 푸른 초원 위에 그림 같은 집을 짓고" 살고 있다. 그동안 서너 차례 농가 주택에 묵으면서 느낀 점은 영국 농부들의 생활 환경이 정말 쾌적하다는 것이다. 집의 규모나 집 안의 인테리어와 가구, 주방이나 욕실 시설과 집기들이 상당한 수준이다. 도시와 전혀 차이가 없거나 어떤 집은 도시를 능가하기도 한다.

하지만 한편으로는 무지 심심할 것 같다는 생각이 들기는 한다. 우리의 시골에서는 누구 집에 숟가락이 몇 개인지 동네 사람들이 다 알 정도로 친밀하게 지내지만(그래서 사생활이라는 것이 거의 없지만) 영국 농촌에서는 이런 일이 있을 수가 없다. 농가가 서로 멀리 떨어져 있기 때문이다. 그냥 양들이 뛰어노는 초원 한가운데 집 한 채만 댕그라니 서 있는 경우가 대부분이다. 이 '외로운 양치기'들은 어떻게 시간을 보낼까. 책을 읽거나 영화를 보면서 보내는 걸까. 집 안 곳곳에 책이 많고, 명작 영화 DVD가 있는 것을 보면서 이런 생각을 했다. 여하튼 내가 묵은 농가 주택의 주인들은 모두 쾌적한 환경에서 상당한 수준의 생활을 영위하고 있었다. 외로움만 제외한다면 인간이 하나의 생물로서 편안하게 살기에 이처럼 좋은 환경이 또 있을까.

참, 그리고 이번에 여행하면서 캐틀 그리드Cattle Grid라는 게 있다는 것도 알게 되었다. 소나 양 같은 가축이 지나가지 못하게 길바닥에 박아 놓은 쇠막대를 말한다. 사람이나 차는 그 위로 지나갈 수 있지만 양이 지나가면 쇠막대 사이로 다리가 빠지게 되어 있다.

레이크 디스트릭트로 가는 길에 묵은 숙소도 양치기 농가였다. 길을 못 찾아서 헤매다가 숙소에 밤늦게 도착했다. 문을 두드리니 주인 남자가 나왔다. 그 넓은 집에 혼자 사는 것 같았다. 그래서 사람이 그리웠던 것일까. 저녁 안 먹었으면 같이 먹자고 한다. 자기가 차려 주겠다고. 그 말에 바로 "아니, 우리 배 안 고파요."라고 거절했다. 사실 그때 우리는 배가 무지 고팠다. 그런데도 식사 초대를 거절한 것은 영어로 대화하는 것이 피곤했기 때문이다.

이 자리를 빌려 영국 국민 여러분께 부탁드립니다. 제발 나에게 말 좀 걸지 마세요.

하지만 이 영국 국민은 물러서지 않았다. 우리와 함께 식사하고자 하는 의지가 강했다. "너희 분명히 배고플 거야." "아니에요, 안 고파요." "그럴 리가. 이렇게 시간이 늦었는데." "아니, 글쎄 안 고프다니깐요." 이렇게 약간의 실랑이가 오간 후에야 비로소 주인집에서 떨어진 숙소에 들어갈 수 있었다. 그리고 밥을 해서 배 터지게 먹었다.

잠자리에 들기 전에 샤워하는데 갑자기 전기가 나갔다. 어떡하지? 밤 늦은 시간이라 주인에게 연락할 수도 없고. 그리고 이 밤중에 그 시골에서 주인에게 연락한다고 뭐 뾰족한 수가 있을까? 게다가 만약 주인이 왔다가 우리가 배 터지게 먹은 만찬의 잔해를 발견한다면? 엄청나게 배신감을 느낄 거야. 이런 여러 가지 사정을 고려해 그냥 자기로 했다.

다음 날 아침 일찍 숙소를 떠났다. 이동하는 차 안에서 주인에게 샤워 중에 갑자기 전기가 나갔다는 메시지를 보냈다. 곧 구글 번역기가 한국말로 번역한 주인의 메시지가 왔다. 이게 대체 뭔 말이야. 문법적으로 말이 안 되는 문장을 읽어 내려가는데 '20%', '손해 배상' 이런 단어들이 눈에 들어왔다. 나는 전기가 나간 것에 대한 손해 배상을 청구하는 줄 알고 방방 뛰었다. 대체 우리가 뭘 잘못했다고 배상하냐. 밤에 아무것도 안 보이는 상태에서 샤워하느라 얼마나 불편했는데. 남편은 제대로 씻지도 못했다. 절대로, 절대로(이걸 두 번이나 강조했음) 돈 못 낸다!

이렇게 보냈더니 답장이 왔다. 이번에는 한글 번역이 아닌 영어로 왔다. 자세히 읽어 보니 자기가 불편을 끼쳤으니 우리가 낸 숙박비에서 20%를 돌려주겠다는 것이었다. 아! 이런 실수가 있나. 그러니까 말은 끝까지 들어 봐야 하고, 글은 끝까지 읽어 봐야 한다. 안 그러면 나 같은

실수를 범하게 된다. 나는 "미안해요. 내가 잘못 봤어요. 미안해요."라고
거듭 사과하는 메시지를 보냈다.

자연을 사랑했던 베아트릭스 포터

　영국에 레이크 디스트릭트라는 곳이 있다는 것은 진즉부터 알고 있
었다. 그래서 몇 년 전 영국에 잠시 들렀을 때 한번 가 볼까 생각했었다.
그러다 일정에 쫓겨 그냥 지나쳤는데, 그 후 영국 작가 베아트릭스 포터
의 삶을 그린 영화 〈미스 포터Miss Potter〉를 보면서 땅을 치고 후회했다.
영화에 포터가 살았던 레이크 디스트릭트 일대가 나오는데, 세상에! 그
렇게 아름다울 수가 없었다. 저런 풍경을 놓치다니. 그래서 이번 여행에
서는 일정을 짤 때 1순위로 레이크 디스트릭트를 집어넣었다.

　잉글랜드 북서부에 위치한 레이크 디스트릭트는 이름 그대로 호수가
많은 곳이다. 16개의 크고 작은 호수와 넓은 초원, 깊은 계곡, 높은 산이
있어 경치를 감상하면서 걷기에 딱 좋다. 이곳에 다녀온 사람들은 이구
동성으로 세상에 이만큼 환상적인 산책 코스는 없다고 말한다. 그런데
현재 우리가 이렇게 아름다운 경치를 즐길 수 있게 된 데는 베아트릭스
포터의 공이 크다. 그녀가 아니었다면 지금 이 일대는 이미 개발업자의

먹잇감이 되어 있었을지도 모른다.

　베아트릭스 포터는 전 세계 어린이들의 사랑을 받는 동화《피터 래빗》의 작가다. 포터는 영국 상류층 가정의 외동딸로 태어나 런던에서 살았지만 취향은 지극히 전원 친화적이었다. 어려서부터 동물을 좋아해 집에서 동물을 기르고, 이들을 주인공으로 하는 동화를 지었다.

　열여섯 살이던 1882년, 포터는 가족과 함께 레이크 디스트릭트로 휴가 여행을 떠났다. 당시 그녀의 가족은 윈더미어Windermere 호숫가에 있는 레이성Wray Castle에서 묵었다. 레이성은 1840년에 지어졌는데, 리버풀 출신의 한 의사가 아내에게 선물했다고 한다. 아! 부럽다. 세상에 복도 많지. 성을 선물로 받다니. 나도 남편한테 저런 성 하나 선물로 받으면 좋겠다. 유럽 여행을 하다 보면 남편이 아내에게 선물한 성을 의외로 많이 보게 된다. 그럴 때마다 아내의 눈치가 보이는 남편들은 걱정하지 마시라. 주변 경치를 보여 주며 예이츠의 〈하늘의 천Aedh wishes for the cloths of heaven〉을 패러디한 시로 화답하면 된다.

　나는 가난하여 가진 것은 오직 꿈뿐
　내 꿈 그대 눈앞에 펼쳐 놓았으니
　마음껏 감상하소서!
　그대 보는 것 내 꿈이오니.

레이크 디스트릭트에서 가장 규모가 큰 윈더미어 호수

—
러프릭 탄(Loughrigg Tarn)의 수련

　레이성 주변의 풍광은 그야말로 꿈처럼 아름답다. 포터는 이렇게 꿈같이 아름다운 풍경에 완전히 매료되었다. 들과 산, 호숫가를 마음껏 돌아다니며 꽃과 나무, 곤충, 동물들을 관찰했다.

　레이성에서 여름휴가를 보내는 동안 포터의 가족은 근처의 레이 교회에 봉직하고 있는 하드윅 론슬리 목사의 초대를 받았다. 포터와 마찬가지로 자연을, 특히 레이크 디스트릭트의 자연을 사랑했던 그는 이후 포터의 삶에 지속적으로 큰 영향을 미쳤다. 론슬리는 포터의 그림 솜씨를 높이 평가했으며, 그녀가 동화 작가로 성장할 수 있도록 칭찬과 성원을 아끼지 않았다. 포터의 첫 동화집 《피터 래빗 이야기》가 출판되는 데 큰 도움을 준 사람도 론슬리였다. 그는 나중에 옥티비아 힐, 로버트 헌터와 함께 내셔널 트러스트를 창립했다.

런던에 살던 포터는 성인이 된 후 레이크 디스트릭트로 거주지를 옮겼다. 당시 레이크 디스트릭트 일대는 개발업자들에 의해 무분별하게 개발될 위험에 처해 있었다. 이를 막기 위해 그녀는 그동안 책을 팔아서 모은 돈과 유산으로 받은 돈을 모두 투자해 일대의 땅과 농장, 집을 하나씩 사들이기 시작했다. 그렇게 사들인 농장이 14곳, 집이 20채, 땅이 500만 평이나 되었다. 그녀는 77세의 나이로 세상을 떠나면서 자신의 재산을 모두 내셔널 트러스트에 기증했다. 기증 조건은 단 하나, 레이크 디스트릭트 일대의 자연을 잘 보존해 달라는 것이었다.

피터 래빗의 고향 윈더미어

레이크 디스트릭트에 있는 윈더미어 호수는 잉글랜드에서 가장 큰 호수다. 이 호수를 끼고 튜더 왕조 양식의 건물들이 늘어선 작은 마을이 있는데, 여기에 베아트릭스 포터 갤러리, 베아트릭스 포터 월드가 있다. 그래서 이 마을은 피터 래빗의 고향이라 불린다. 동화의 마을답게 예쁜 꽃이나 알록달록한 인형으로 장식한 카페나 레스토랑, 가게가 많다. 한 마디로 여성들의 취향을 저격하는 마을이다.

베아트릭스 포터 갤러리는 변호사인 포터의 남편 윌리엄 힐리스의 사무실이었던 곳이다. 포터가 그린 수채화와 그녀의 삶과 관련된 자료와 유품들이 전시되어 있다. 포터의 동화에 대해 더 알고 싶다면 베아트릭스 포터 월드로 가면 된다. 이곳에 가면 동화에 등장하는 인형과 동화 장면을 재연한 정원, 포터의 일생이 담긴 동영상을 볼 수 있다.

갤러리에서 나와 아기자기한 가게가 늘어선 거리를 조금 걷다 보면 포터의 집 힐 탑Hill Top이 나온다. 이 집은 포터가 첫 번째 동화집《피터 래빗 이야기》를 팔아서 번 돈으로 산 것이다. 집 앞에는 작은 정원과 텃밭이 있고, 집 안에는 포터가 생전에 썼던 물건들이 전시되어 있다. 하지만 이 집은 포터의 살림집은 아니다. 포터는 파 사우리Far Sawrey에 있는 캐슬 코티지Castle Cottage에서 살았고 이 집은 주로 사업상 필요한 사람을 만나는 미팅 장소로 쓰였다고 한다.

힐 탑에서는 다양한 투어 프로그램을 제공하고 있다. 겨울에는 정원을 돌아다니며 포터의 동화 속에 나오는 주인공들을 만나는 '피터 래빗과 함께하는 겨울 모험' 투어에 참가할 수 있다. 그런가 하면 '베아트릭스 포터의 모스 에클스 탄Moss Eccles Tarn 산책'이라는 투어도 있다. 힐

동화처럼 꾸며 놓은 아기자기한 가게

포터와 관련된 자료와 유품을 전시하고 있는 포터 갤러리

—
정원과 채소밭이 있는 힐 탑

탑이 있는 마을 니어 사우리Near Sawrey에서 출발해 작은 호수인 모스 에클스 탄까지 갔다가 파 사우리로 돌아오는 코스다.

모스 에클스 탄은 포터 부부가 즐겨 찾던 호수다. 포터 부부는 여름날 저녁 클레이프Claife 언덕에 있는 이 호수로 산책하러 가곤 했다. 포터는 주변 풍경을 스케치하고 남편은 배를 타고 낚시를 했다. 1926년 포터는 이 호수 일대를 샀다. 그리고 호수에 수련을 심고 물고기를 길렀다. 아

포터 부부가 즐겨 찾던 모스 에클스 탄 산책길

름다운 호수는 포터에게는 영감의 원천이었다. 포터의 《제레미 피셔 이야기》가 탄생한 곳이 바로 이 호수다.

포터가 살던 때와 마찬가지로 요즘도 모스 에클스 탄은 낚시와 산책을 즐기기에 최적의 장소다. 호수에 황금 송어가 많이 사는데, 여기서 낚시하려면 돈을 내고 허가를 받아야 한다. 그리고 물고기를 보호하기 위해 한 사람이 하루에 두 마리밖에 못 잡는다고 한다.

그라스미어(Grasmere) 호숫가의 수선화

힐 탑에서 나와 본격적으로 호수 산책에 나섰다. 사전에 정보를 찾아 보니 탄 하우스Tarn Hows가 볼 만하다는 사람이 많아 우리도 가 보기로 했다. 결과적으로 탁월한 선택이었다. 주차장에 차를 세워 놓고 조금 걸 어가니 눈앞에 믿을 수 없는 풍경이 펼쳐졌다. 아! 세상에 이런 곳도 있 구나. 탄성이 절로 나왔다. 영어에 'beyond description'이라는 표현이 있는데, 나는 탄 하우스가 그런 곳이라고 생각한다. 이걸 뭐라고 해야 하지? 탄 하우스를 소개하는 바로 지금 이 순간, 나는 언어의 한계를 느낀다. '아름답다'라는 포괄적 형용사로는 이 호수가 지닌 매력을 100분의 1도 설명하지 못한다.

탄 하우스는 원래 세 개의 작은 호수로 이루어져 있었다. 1862년 제임스 마셜James Marshall이라는 사람이 이 일대를 사들였고, 수위를 높이려고 댐을 쌓았다. 그 결과 수위가 높아지면서 원래 세 개였던 호수가 하나가 되었다. 그래서 그런지 탄 하우스는 경치가 매우 독특하다. 다른 호수처럼 그냥 둥그런 모양이 아니라 중간에 섬이나 반도, 또 다른 작은 호수가 있는 것 같은 모양을 하고 있다. 제임스 마셜은 이후 탄 하우스를 베아트릭스 포터에게 팔았다.

잉글랜드의 다른 곳과 마찬가지로 탄 하우스 역시 접근성이 아주 좋다. 그냥 아래로 내려가기만 하면 된다. 노벨상 작가인 가즈오 이시구로가 그랬다지. 영국의 자연은 겸손하다고. 맞는 말이다. 탄 하우스는 유모차나 휠체어를 끌고도 충분히 갈 수 있는 곳이다. 구릉이 많지만 경사가 심하지 않아 심지어는 스쿠터(공짜로 빌려준다!)를 타고 다닐 수도 있다. 그런데 잉글랜드에는 이런 곳이 많다. 여행하며 아름다운 풍경을 볼 때마다 이런 기막힌 절경을 이렇게 쉽게 봐도 되는 건가 하는 생각이 들곤 한다. 정말 자연에 미안할 정도다.

호수는 어디에서 바라보느냐에 따라 느낌이 다르다. 탄 하우스는 호

아름다운 경관을 자랑하는 탄 하우스

수 바로 옆에 나 있는 길을 따라 걸을 수도 있고, 조금 높은 곳에 난 길을 따라 호수 전체를 조망하며 걸을 수도 있다. 높은 곳에서 바라보면 아래에서는 보지 못했던 것들이 보인다.

호숫가의 숲길을 걷다 온몸에 수천 개의 동전에 박힌 채 쓰러져 있는 통나무 기둥을 발견했다. 동전이 아주 촘촘히, 정교한 솜씨로 깊이 박힌 것으로 보아 지나가는 사람들이 그냥 아무 생각 없이 박은 것 같지는 않았다. '동전을 품은 통나무'라니. 누군가의 작품이겠지. 아이디어가 참 독창적이다. 하지만 나는 그 아이디어의 독창성보다 그렇게 많은 동전을 박는 데 쓰인 예술가의 '노동'에 더 경의를 표하고 싶다. 얼마나 힘들었을까. 예술가가 되려면 때로는 이런 노가다 일도 감수해야 하나 보다.

호수를 산책하면서 신나게 사진을 찍었다. 워낙 경치가 좋으니 아무렇게나 찍어도 다 달력 사진이 된다. 어느 한 곳만 찍어서 예쁜 곳은 얼마든지 있다. 하지만 360도 빙 돌려 가며 어느 곳을 찍어도 다 그림이 되는 곳은 그리 많지 않다. 탄 하우스는 그런 곳이다. 내가 갔을 때는 날씨가 약간 흐렸는데, 맑은 날 다시 한번 가 보고 싶다. 그러면 느낌이 완전히 다를 것 같다.

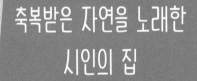

축복받은 자연을 노래한 시인의 집

워즈워스 생가(Wordsworth's Birth Place)

라이달 마운트(Rydal Mount)

Wordsworth's Birth Place

Rydal Mount

레이크 디스트릭트 일대를 돌아보면 "아! 이런 곳에서 살면 시詩가 그냥 저절로 나오겠구나." 하는 생각이 든다. 도대체 이 아름다운 풍경을 보고 어떻게 시를 쓰지 않을 수 있을까. 영국의 낭만파 시인 윌리엄 워즈워스William Wordsworth는 이 축복받은 땅이 낳은 시인이다. 그는 인생의 대부분을 이곳의 아름다운 호숫가에서 보냈다. 그래서 '호반의 시인'이라 불린다. 호수 지방의 자연은 그에게 시적 영감의 원천이었다. 마음이 울적해서 한 조각 구름처럼 외로이 호숫가를 떠돌다가도 갑자기 눈앞에 펼쳐진 황금빛 수선화밭을 보고 '고독마저 축복이 되는' 삶을 노래하곤 했다.

윌리엄 워즈워스는 1770년 레이크 디스트릭트 서쪽의 작은 마을 코커머스Cockermouth에서 태어났다. 지금 이 마을에는 워즈워스가 태어나서 어린 시절을 보낸 집이 남아 있다. 비가 추적추적 오는 날, 그의 생가를

—
각종 식물이 자라고 있는 워즈워스 생가의 뜰

보기 위해 코커머스를 찾았다. 현재 워즈워스의 생가는 베아트릭스 포터 갤러리나 힐 탑과 마찬가지로 내셔널 트러스트에서 관리하고 있다. 집을 보자마자 처음 든 생각은 "와! 이렇게 좋은 집에서 살았구나."였다. 그의 생가는 지금 기준으로 보아도 상당히 규모가 큰 저택이었다.

이 집은 워즈워스 가족의 생활 공간이자 변호사인 아버지의 일터이기도 했다. 1층에 아버지가 업무를 보던 사무실이 있고, 중앙에는 고객들이 드나들던 큰 현관이 있다. 현관은 고객 전용이고, 가족이나 사적인 손님들은 모두 집 뒤쪽에 있는 작은 문을 이용했다고 한다.

사무실에 들어가니 워즈워스의 아버지가 쓰던 우아한 디자인의 마호가니 책상이 보인다. 1766년에 구매한 것이라고 하는데 거의 250년이 지났음에도 보존 상태가 상당히 좋았다. 책상 위에는 워즈워스의 아버지가 쓴 편지와 각종 문서가 놓여 있다.

1층에는 사무실과 주방, 식당, 응접실과 같은 공용 공간이 있고, 2층에는 가족들의 침실을 비롯한 사적인 공간이 있다. 식당으로 들어서니 테이블 위에 음식이 차려진 것이 보인다. 워즈워스가 살았던 시절의 식탁을 그대로 재연해 놓은 것인데, 어찌나 먹음직스러워 보이는지 보는 순간 입안에 군침이 돌았다. 식당의 인테리어는 간결하면서도 기품이 있었다. 회반죽으로 정교하게 장식된 천장과 우아한 곡선의 디자인이 돋보이는 의자 그리고 밝은 녹색 계열의 벽 색깔에서 18세기 중산층의 전형적인 장식 취미를 엿볼 수 있었다.

식당은 일종의 사교 공간이었다. 워즈워스의 부모는 여기서 손님들과 만찬을 즐겼다. 만찬에 초대된 사람 중에는 지역의 유력 인사들이 많았다. 식당 벽에는 이곳을 자주 드나들었던 두 사람의 초상화가 걸려 있다. 왼쪽 초상화의 주인공은 아이작 리틀데일이라는 상인인데, 워즈워스 집안과는 사돈지간이 되는 사람이고, 그 옆에 있는 초상화의 주인공은 토머스 하틀리라는 큰 배의 선주로, 나중에 하틀리 은행을 창립한 사람이라고 한다.

식당에서 식사를 마친 손님들은 응접실로 자리를 옮겨 차를 마시거나 카드 게임을 즐겼다. 현재 응접실의 벽은 흰색으로 칠해져 있지만 워즈워스 가족이 이 집에 이사 왔을 때는 녹색이었다고 한다. 둥근 마호가니 테이블 옆에는 치펜데일(Chippendale; 영국의 바로크, 프랑스의 로코코, 중국의 모티프 양식을 절충한 형식) 스타일의 팔걸이의자가 있다. 이 의자는 1775년에 붉은 천으로 천갈이를 했는데, 지금은 의자를 보호하기 위해 그 위에 체크무늬 덮개를 씌워 놓았다. 이 방에는 워즈워스가 말년에 썼던 1780년산 마호가니 책장과 그와 친하게 지냈던 시인 로버트 사우디의 의자도 있다. 바닥에는 붉은 바탕에 꽃무늬가 있는 카펫이 깔려 있는데, 워즈워스 가족이 썼던 카펫과 똑같이 만든 복제품이라고 한다.

응접실 한쪽에 하프시코드가 있었다. 하프시코드는 바로크 시대의 대표적인 건반 악기다. 하지만 피아노가 등장하면서 건반 악기의 왕 자리를 순식간에 빼앗기고 말았다. 본래 하프시코드를 위해 작곡한 건반 음악도 지금은 대부분 피아노로 연주한다. 그래서 하프시코드를 볼 기회가 별로 없다. 고음악을 그 시대의 악기로 연주하는 원전연주에서나 가끔 볼 수 있을까. 그런데 그렇게 귀한 하프시코드를 워즈워스 생가에서 보게 되다니. 여기 있는 하프시코드는 18세기에 헨델이 런던에서 사용했던 하프시코드를 그대로 복제한 것이라 한다. 신기해서 열심히 사진만 찍었는데, 나중에 알고 보니 직접 연주해도 되는 거란다. 아! 그런 줄 알았으면 한번 쳐 보는 건데. 터치가 피아노와 어떻게 다른지 궁금했는데. 그렇게 좋은 기회를 놓치다니. 아깝다.

생가를 다 둘러보고 뒤뜰로 나갔다. 뒤뜰에는 온갖 종류의 꽃과 허브, 약용 식물, 과일나무들이 자라고 있었다. 랭커서 품종의 그린업스 피핀 Greenup's Pippin 사과나무 아래에 분홍색과 흰색의 우슬초, 범꼬리, 쑥국화, 피버퓨, 앵초, 구륜앵초를 비롯한 허브 식물이 자라고 있었고, 그 옆에 야생 화이트 스트로베리와 향기가 아주 진한 흰색 장미가 피어 있었다. 그리고 담장 옆에는 워즈워스가 살았던 18세기 잉글랜드 지방에서 자라던 각종 과일나무가 심겨 있었다. 햇살 밝은 날, 뒤뜰에서 과일을 따 먹으며 놀고 있는 워즈워스를 상상해 본다. 어린 나이에 부모를 잃기 전까지 그는 이 집에서 짧지만 행복한 유년 시절을 보냈다.

생가의 뒤뜰까지 다 둘러본 후, 워즈워스가 살았던 도브 코티지Dove Cottage로 발걸음을 옮겼다. 워즈워스는 1799년부터 1808년까지 도브 코티지에서 살았다. 이 집에서 결혼도 하고 아이도 낳았다. 지금은 워즈워스와 관련된 여러 자료를 볼 수 있는 박물관이 되었는데, 안타깝게도 우리가 갔을 때는 내부 리모델링 공사로 문을 닫은 상태였다.

시인이 만든 로맨틱 가든

아쉬운 마음을 달래며 다음 목적지인 라이달 마운트로 향했다. 라이달 마운트는 워즈워스가 1813년부터 세상을 떠난 1850년까지 살았던 집이다. '마운트Mount'라는 이름에서 짐작할 수 있듯이 이 집은 언덕 위에 있다. 그래서 도브 코티지에 비해 훨씬 전망이 좋다. 집과 정원도 도브 코티지보다 넓다. 여기서 워즈워스는 아내와 아이들, 여동생, 처제와 함께 살았다. 집은 대식구가 살기에 충분할 정도로 넓고 쾌적했다. 집 안으로 들어가니 벽난로 위에 걸린 초상화가 눈에 들어온다. 우리에게 〈올드 랭 사인Auld Lang Syne〉의 시인으로 잘 알려진 스코틀랜드 민족 시인 로버트 번스의 초상화다. 워즈워스는 이 초상화를 로버트 번스의 아들에게 받았다고 한다.

집도 집이지만 사실 라이달 마운트에서 나를 사로잡은 것은 워즈워스가 직접 디자인한 로맨틱 스타일의 정원이었다. 구석구석 얼마나 아기자기하게 잘 꾸며 놓았는지 보는 내내 감탄사가 절로 나왔다. 사람들은 워즈워스를 시인으로만 알고 있지만, 그는 정원 디자인에도 일가견이 있는 아마추어 정원사였다. 그만큼 자연과 식물, 조경에 대한 이해가 깊었다. 정원에 대한 워즈워스의 철학은 일단 정원은 자연스러워야 하고,

워즈워스가 직접 디자인한 정원이 있는 라이달 마운트

주변 환경과 잘 어우러져야 하며, 전망을 해치지 않아야 한다는 것이었다. 그래서 나무를 심을 때도 나무가 전망을 해치지 않도록 심사숙고해서 심었다. 현재 라이달 마운트의 정원에는 워즈워스가 직접 심은 너도밤나무와 전나무가 지금도 자라고 있다.

집 앞에는 정원으로 통하는 돌계단이 있다. 이 돌계단을 통해 정원으로 나가면 환상적인 풍경이 펼쳐진다. 초록빛 잔디밭 주변에 단풍나무, 스코틀랜드 전나무, 일본 단풍나무, 마가목, 일본 측백나무, 목련, 앉은부채, 등나무 갈대, 호랑가시나무, 블루벨, 철쭉 등 온갖 종류의 나무들이 자라고 있다. 나무 중에는 일본산이나 스코틀랜드산 같은 외래종도 있는데, 외래종 식물은 먼저 집 근처에 심어 기후와 토양에 적응시킨 다음 점차적으로 토종 식물과 섞이게 했다고 한다.

정원 곳곳에 있는 돌계단과 돌담은 모두 워즈워스가 직접 쌓은 것이다. 그간의 세월을 말해 주듯 돌담에는 이끼가 잔뜩 껴 있었다. 이름 모를 풀과 꽃이 돌 사이사이에 몸을 비집고 피어 있는 모습이 그렇게 아름다울 수가 없었다. 운치 있는 돌담을 따라 나 있는 오솔길을 걸으면 누구라도 시상詩想이 절로 떠오르지 않을까.

워즈워스는 특히 야생화를 좋아했다. 정원을 산책하다 보면 앵초, 야생 제라늄, 호수 양귀비, 이끼, 고사리 등 온갖 종류의 야생화를 만날 수 있다. 어디 그뿐이랴. 이 정원에는 작은 연못도 있다. 워즈워스가 직접 돌을 쌓아 만든 연못이다. 위에서 흘러내리는 물이 연못에 모이도록 돌을 쌓아 물길을 만들었는데, 계단처럼 쌓아 놓은 돌을 타고 떨어지는 물소리가 노랫소리 같았다.

라이달 마운트는 시적 영감이 충만한 곳이다. 워즈워스는 집 안에 있을 때보다 밖에 있을 때 더 많은 시를 썼다. "서재는 집 안에 있지만 나

워즈워스가 여름에 주로 이용한 작은 오두막

의 진정한 집필실은 정원"이라고 말할 정도였다. 밖에서 산책하다가 시
상이 떠오르면 집에 도착할 때까지 계속 입으로 시구詩句를 읊조리다가
집에 오면 딸이나 부인에게 받아 적도록 했다.

　정원에는 개방적인 공간도 있지만 은밀한 공간도 있다. 혼자 있고 싶
을 때, 누구의 방해도 받지 않고 시상을 가다듬고 싶을 때 몸을 숨길 수
있는 은신처 같은 곳 말이다. 아래쪽 정원 끝에 자리한 돌로 지은 작은

라이달 마운트 정원에서 내려다보이는 라이달 워터

오두막이 그런 곳이다. 지붕이 온통 초록색 이끼로 덮여 있는데, 워즈워스는 주로 여름에 이 오두막을 이용했다. 오두막이 얼마나 작은지 마치 장난감 집처럼 보인다.

라이달 마운트의 정원은 전망이 아주 좋다. 라이달 워터Rydal Water 호수가 한눈에 내려다보인다. 라이달 워터는 레이크 디스트릭트의 16개

호수 중에서 비교적 규모가 작은 편이다. 이 호수를 끼고 숲길을 걷는 산책길이 유명하다. 특히 5월이면 숲속 나무 그늘 아래에 블루벨이 지천으로 피어 장관을 이룬다. 호숫가 숲속에서 펼쳐지는 이 보랏빛 향연을 즐기기 위해 해마다 5월이면 수많은 사람이 라이달 워터를 찾는다.

이보다 좀 이른 봄에는 수선화가 핀다. 워즈워스 가족의 무덤이 있는 교회 근처에 도라의 뜰Dora's Field이라는 곳이 있다. 도라는 워즈워스의

—
도라의 뜰에 핀 수선화

딸이다. 워즈워스는 다섯 자녀 중에서 특히 도라를 예뻐했는데, 안타깝
게도 결핵에 걸려 43세의 나이에 부모보다 먼저 세상을 떠났다. 워즈워
스는 딸을 기리고자 그녀를 위해 사들인 들판에 수백 그루의 수선화를
심었다. 해마다 봄이 되면 도라의 뜰에서는 수백 그루의 수선화가 피어
난다. 그렇게 워즈워스의 곁을 떠난 도라는 해마다 봄이 되면 아버지의
시처럼 "바람에 찰랑거리고 춤을 추는" 수선화가 되어 다시 피어난다.

—
캣 벨스에서 내려다본 더웬트워터

워즈워스는 자연의 아름다움을 알아보는 예리한 눈을 가진 사람이었다. 그는 종이에다 시를 쓰고, 땅에도 시를 썼다. 라이달 마운트는 그가 지은 자연의 시, 평화와 아름다움이 공존하는 창조의 땅이다.

라이달 마운트의 정원을 마음껏 감상한 후 근처에 있는 더웬트워터 Derwentwater로 향했다. 더웬트워터는 전날 본 탄 하우스와 비교가 안 될

만큼 큰 호수다. 유명한 트레일 코스인 캣 벨스Cat Bells에서 호수를 내려 다보며 걸었다. 이 코스 역시 어린아이나 노인도 갈 수 있을 정도로 접근 성이 좋다. 그래서 레이크 디스트릭트에서도 인기가 많은 코스라고 한 다. 캣 벨스에서 바라본 더웬트워터의 풍경은 그야말로 절경이었다. 커 다란 호수 안에 그림처럼 떠 있는 크고 작은 초록 섬들, 이름 모를 야생 화가 피어 있는 드넓은 초원, 그 위에서 한가로이 풀을 뜯고 있는 양 떼 들. 모든 것이 평화 그 자체였다. 이렇게 경치가 좋은데 사람이 별로 없 는 것도 신기했다.

길을 걷다가 전망 좋은 자리에 앉아 잠시 휴식을 취했다. 호수를 내려 다보며 따뜻한 커피를 마셨다. 커피의 따끈한 기운이 온몸에 번지는 순 간, 갑자기 이루 말할 수 없는 행복감이 밀려왔다. 더할 나위 없이 행복 하고 평화로운 그 순간, 워즈워스가 호숫가에서 쓴 시가 떠올랐다. 당시 유럽 대륙에서는 나폴레옹 전쟁이 한창이었다. 그렇게 유럽 전체가 몸 살을 앓을 때, 워즈워스는 호수의 평화를 노래했다.

갈대숲 사이로 나직이 속삭이는 목신의 소리가 들리는가.

감사를 드릴지어다. 그대.

잔혹한 짓거리가 온 세상을 유린하고 있는 지금

이곳은 더없이 평화롭구나!